东软产教融合系列丛书

移动应用技术与服务专业产教融合优质教材

移动应用
项目开发实战

主　编 ◎ 穆宸栋　张吉沅　蒋纪秋　汪双顶

副主编 ◎ 李露露　王君妆　惠　慧　徐昕光

电子工业出版社

Publishing House of Electronics Industry

北京·BEIJING

内 容 简 介

本书根据全国职业院校技能大赛"移动应用开发"赛项的竞赛内容、专业课程标准及行业企业的技术脉络，以国赛平台实际案例为载体，由国赛一等奖得奖选手的指导老师和企业工程师联合编写完成。

全书分为模块 A、模块 B、模块 C 共 3 个模块。其中，模块 A 主要利用 Adobe XD 等工具软件，进行 App 软件的 UI 设计与制作；模块 B 主要利用 HBuilder、Android Studio 等工具软件，进行 App 软件的应用功能开发；模块 C 包含两部分，一是产品使用手册的撰写，培养学生的文档撰写能力，二是利用 Postman 等工具软件进行 App 软件的测试工作。

本书的主要特色是岗位需求明确，大赛支撑作用明显，可以作为参加"移动应用开发"赛项学生的训练指导用书，也可以作为计算机相关专业的综合实训课程指导用书。

图书在版编目（CIP）数据

移动应用项目开发实战 / 穆宸栋等主编. -- 北京：
电子工业出版社，2024. 9. -- ISBN 978-7-121-48792-7

Ⅰ. TN929.53

中国国家版本馆 CIP 数据核字第 2024X2R479 号

责任编辑：罗美娜

印　　刷：北京天宇星印刷厂
装　　订：北京天宇星印刷厂
出版发行：电子工业出版社
　　　　　北京市海淀区万寿路 173 信箱　邮编　100036
开　　本：880×1 230　1/16　印张：23.75　字数：516.8 千字
版　　次：2024 年 9 月第 1 版
印　　次：2025 年 4 月第 2 次印刷
定　　价：68.00 元

凡所购买电子工业出版社图书有缺损问题，请向购买书店调换。若书店售缺，请与本社发行部联系，联系及邮购电话：（010）88254888，88258888。

质量投诉请发邮件至 zlts@phei.com.cn，盗版侵权举报请发邮件至 dbqq@phei.com.cn。

本书咨询联系方式：（010）88254617，luomn@phei.com.cn。

PREFACE

前 言

随着大数据、人工智能和互联网+应用的不断发展，移动应用技术也在日常生活中得到了广泛应用。当下，人类社会正处在一个移动互联网产业向万物互联转型的时代，同时也是各种智能终端广泛普及、各种移动应用异常丰富的时代。本书在移动互联网时代的大背景下，依托全国职业院校技能大赛"移动应用开发"赛项的竞赛内容，由一线的专业教师、大赛的指导老师及移动应用厂商的工程师联合完成编写。

全书按照某企业承接的某客户需要开发的 App 软件为项目背景，针对该 App 软件的设计、开发、测试、发布过程，完成 App 软件的应用功能模块开发，进行该 App 软件的测试，并完成该 App 软件产品说明书的撰写。通过对这一过程的学习，强化学生的技能开发，帮助学生在校期间经历一个完整的 App 软件开发过程，积累 App 软件项目开发经验，对接未来的工作岗位。

本书以国赛平台实际案例为载体，对接移动应用开发专业课程体系，收集和整理包含开发工具、知识技能点及最终交付物在内的完整、详细的课程内容，旨在帮助学生利用计算机相关软件开发手机、平板电脑等移动端设备上运行的 App 软件。

为了更加生动地诠释知识要点，本书使用了大量的图片，以便提升读者的阅读兴趣，加深读者对相关理论的理解。在文字叙述上，本书摒弃了枯燥的平铺直叙，而是采用案例引导的方式，充分彰显了本书以读者为本的特点。

本书由来自无锡机电学校、山东淄博工业学校、上海信息技术学校、云南技师学院和杭州电子信息学校的教师团队，以及东软教育的工程师团队联合编写。

由于编者水平有限，书中难免存在不足之处，敬请广大读者批评指正，欢迎读者通过电子邮箱410395381@qq.com 与我们交流。

编 者

CONTENTS 目录

模块 A
移动应用界面设计

任务 1 了解 Adobe XD 软件界面

任务描述

本模块以产品原型为目标，要求参赛选手熟练收集、分析和归纳客户需求，清晰梳理业务流程，熟练使用 UI 设计软件进行产品 UI/UE 设计，掌握正确的 UI 配色方案，设计出符合业务逻辑的人体工学移动 App 原型优秀作品。让我们先来了解一下 Adobe XD 的用法。

使用工具

Adobe XD 软件。

关键技术描述

1. 创建面板
2. 绘制图形
3. 文本
4. 画板工具
5. 图层
6. 原型工具

制作步骤

1. 创建面板

Adobe XD 是一种轻量级矢量图形编辑器和原型设计工具，Windows 操作系统和 MacOS 操作系统均支持打开编辑 Sketch、PSD 源文件。

创建一个新面板，用于此次实训。

点击 Windows "开始" 按钮，在所有程序中，点击 Adobe XD 程序图标，如图 A-1-1 所示。

图 A-1-1　打开 Adobe XD

启动软件，选择 1080 像素×1920 像素的面板，如图 A-1-2 所示。

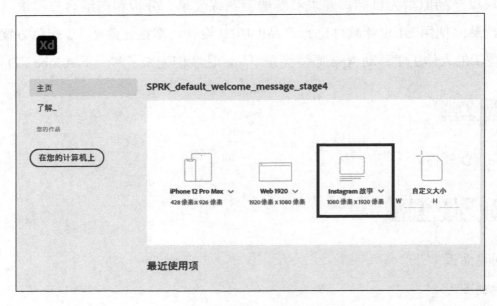

图 A-1-2　创建新面板

2. 绘制图形

和 Photoshop 软件一样，Adobe XD 界面布局的画板左边是工具栏，右边是属性栏，通过选择不同的工具，可绘制矩形、圆和多边形等不同的图形。

点击左侧工具栏中的"矩形"工具，可以绘制一个矩形，如图 A-1-3 所示。

如果想调整矩形的角的弧度，可以在右侧属性栏中修改数值，调整弧度，如图 A-1-4 所示。

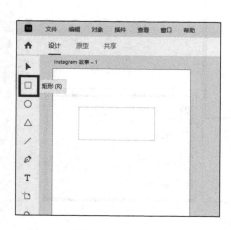

图 A-1-3　绘制矩形

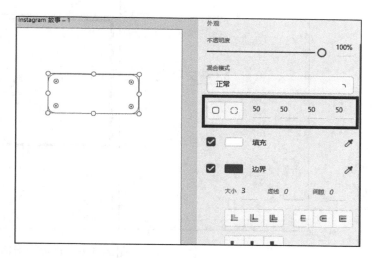

图 A-1-4　调整矩形的角的弧度

3. 文本

点击左侧工具栏中的"文本"工具，通过文字面板在 Adobe XD 中输入文字，如图 A-1-5 所示。

图 A-1-5　选择文本

调整文字大小、字体、颜色、粗细等文字样式，如图 A-1-6 所示。

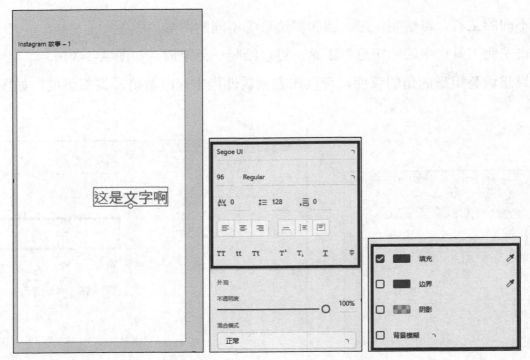

图 A-1-6　调整文字样式

4．画板工具

点击左侧工具栏中的"画板"工具，如图 A-1-7 所示。

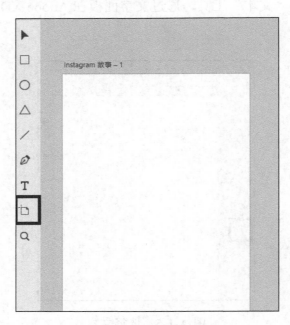

图 A-1-7　选择画板工具

选中右侧画板尺寸，再点击任意位置，即可添加对应尺寸的画板，如图 A-1-8 所示

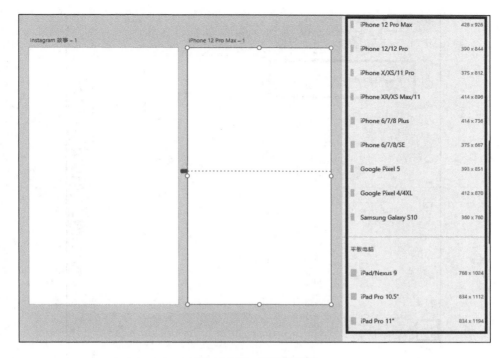

图 A-1-8　添加画板

点击画板名称选中画板，然后按住 Alt 键+鼠标左键拖拽，复制画板，如图 A-1-9 所示。

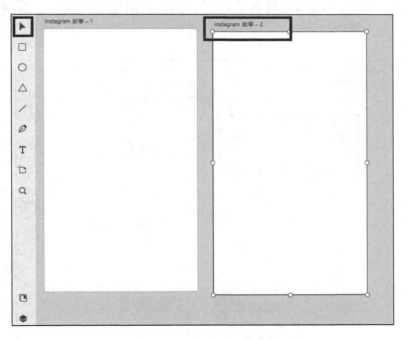

图 A-1-9　复制画板

5.　图层

点击左侧工具栏中的"图层"工具，如图 A-1-10 所示。

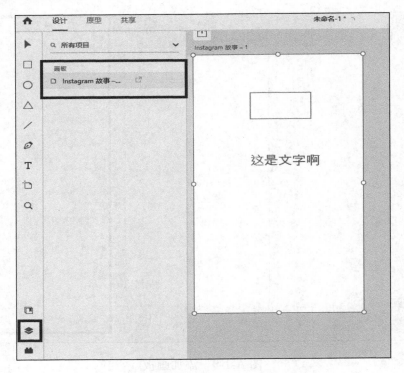

图 A-1-10　选择"图层"工具

选择"图层"工具拖动图层，可调整位置、锁定、添加导出标记、隐藏等，如图 A-1-11所示。

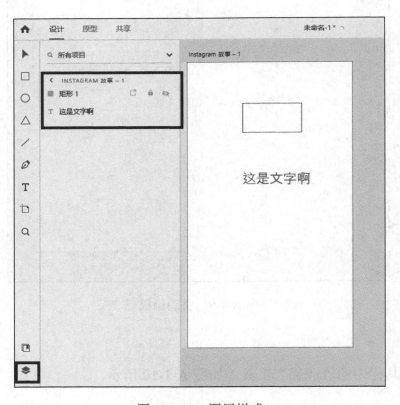

图 A-1-11　图层样式

6. 原型工具

点击左侧工具栏中的"选择"工具，选中绘制好的矩形，如图 A-1-12 所示。

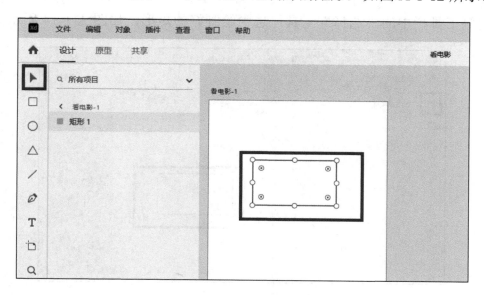

图 A-1-12　选中矩形

选中后，点击上方"原型"工具，可以在右侧面板对矩形的属性进行调整，如图 A-1-13 所示。

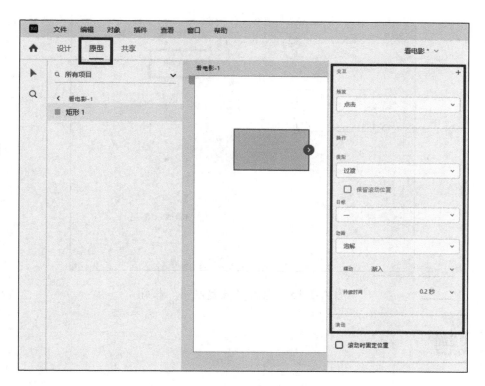

图 A-1-13　进入原型设计面板

扩展优化

点击左侧工具栏中的"选择"工具，选中绘制好的矩形，如图 A-1-14 所示。

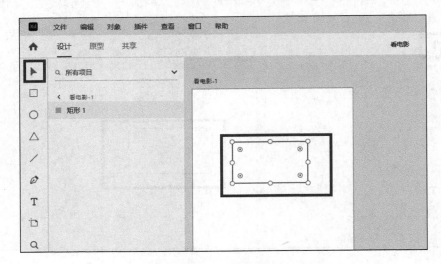

图 A-1-14 选中矩形

选中后点击右侧属性栏中的"重复网格"按钮，可以横排和竖排拉出重复的矩形，如图 A-1-15 所示。

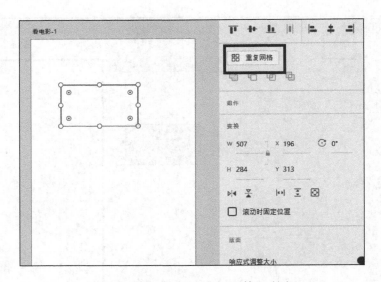

图 A-1-15 点击"重复网格"按钮

进阶提升

在训练的过程中，使用快捷键可以提升速度。常用快捷键，如表 A-1-1 所示。

表 A-1-1　常用快捷键

Ctrl+Z	撤销	Ctrl+,	隐藏/显示图层
Ctrl+Shift+Z	还原	V	选择
Ctrl+X	剪切	R	矩形
Ctrl+C	复制	E	椭圆
Ctrl+G	图层编组	Y	多边形
Ctrl+Shift+G	取消编组图层	L	直线
Ctrl+K	制作组件	P	钢笔
Ctrl+L	锁定/解锁图层	T	文本

任务 2　绘制状态栏

任务描述

绘制状态栏，状态栏高度为 72 像素。

使用工具

Adobe XD 软件。

关键技术描述

1. 创建面板
2. 绘制矩形
3. 绘制状态栏的内容

制作步骤

1. 创建面板

点击 Windows "开始" 按钮，在所有程序中点击 Adobe XD，启动软件，选择 1080 像素×1920 像素的面板。

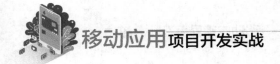

2. 绘制矩形

单击左侧工具栏中的"矩形"工具。

在画板顶部绘制一个 1080 像素×72 像素的矩形。其中，宽高分别为 W:1080，H:72；位置为 X:0，Y:0，如图 A-2-1 所示。

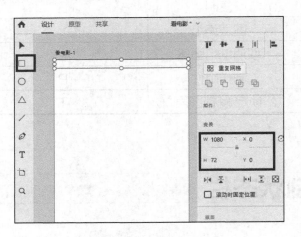

图 A-2-1　绘制矩形

选中绘制好的矩形，分别单击右侧属性栏中的"填充"和"边界"，设置填充颜色为#209EFF，边界颜色为#209EFF，如图 A-2-2 所示。

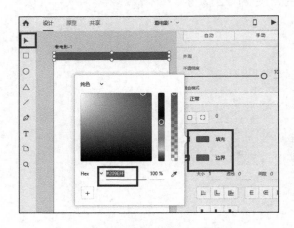

图 A-2-2　设置填充颜色

3. 绘制状态栏的内容

单击左侧工具栏中的"文本"工具，点击状态栏左上角，输入文字"9:41"，如图 A-2-3 所示。

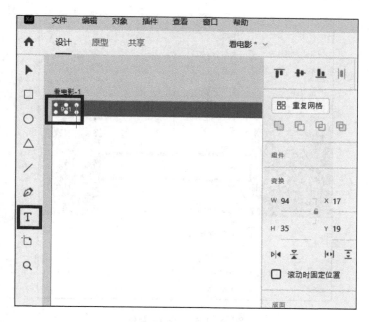

图 A-2-3　输入文字

点击左侧工具栏中的"选择"工具，选中文字，在右侧面板中修改文本大小为 30，居中，如图 A-2-4 所示。

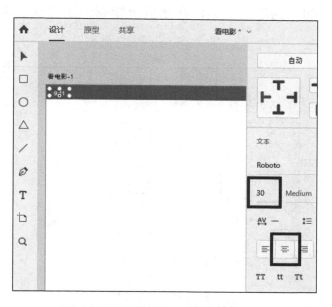

图 A-2-4　修改文字样式

点击左侧工具栏中的"矩形"工具。

绘制 4 个矩形作为信号图标，按住 Shift 键选中 4 个矩形，并右击，在弹出菜单中选择"组"，将 4 个矩形合并为组，如图 A-2-5 所示。

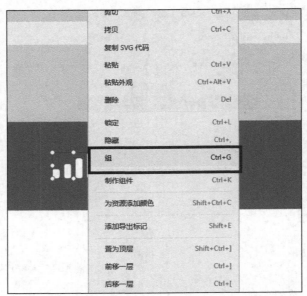

图 A-2-5　合并为组

　　4 个矩形的宽和高分别为 6，12；6，18；6，23；6，28。矩形组的位置为 X:855，Y:25，如图 A-2-6 所示。

　　单击左侧工具栏中的"钢笔"工具，在画板上绘制一条曲线，大小为 W:20，H:5，如图 A-2-7 所示。

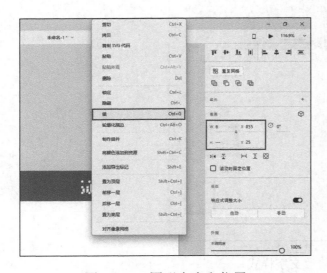

图 A-2-6　图形大小和位置

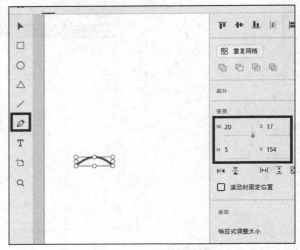

图 A-2-7　绘制曲线

　　选中曲线，复制粘贴并移到第一条曲线上方，调整大小为 W:29，H:8，如图 A-2-8 所示。

　　再复制粘贴曲线移到第二条曲线上方，调整大小为 W:44，H:12。如图 A-2-9 所示。

　　按住 Shift 键依次点击画完的三条曲线，合并为组，如图 A-2-10 所示。

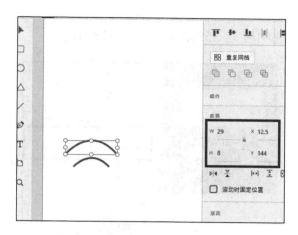

图 A-2-8　复制粘贴第二条曲线

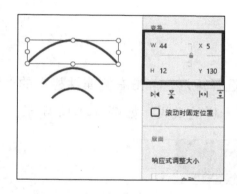

图 A-2-9　复制粘贴第三条曲线

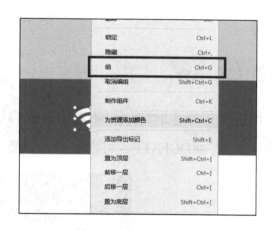

图 A-2-10　合并为组

位置为 X:906，Y:24，如图 A-2-11 所示。

　　点击左侧工具栏中的"矩形"工具，绘制两个矩形，大小位置分别为 W:35，H:16，X:959，Y:27；W:43，H:22，X:955，Y:24，如图 A-2-12 所示。

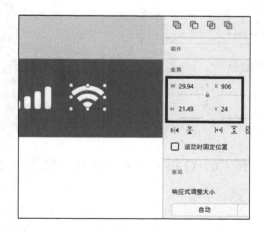

图 A-2-11　调整位置

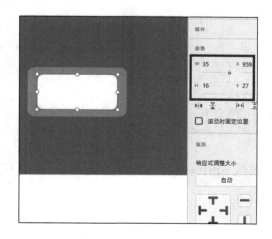

图 A-2-12　绘制矩形

设置较大的矩形的不透明度为 35%，如图 A-2-13 所示。

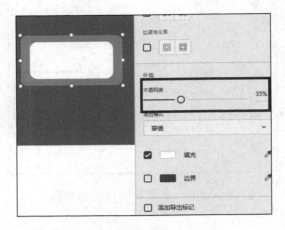

图 A-2-13　调整透明度

扩展优化

填充矩形颜色时可以用不透明度或颜色填充，选择矩形，单击右侧属性栏中的"填充"按钮，颜色为#DCFAFF，可以实现与设置不透明度一样的效果，如图 A-2-14 所示。

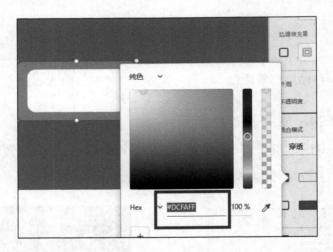

图 A-2-14　填充颜色

进阶提升

按住 Shift+鼠标左键选择绘制完成的三条曲线，按 Ctrl+G 键可以合并为组，如图 A-2-15 所示。

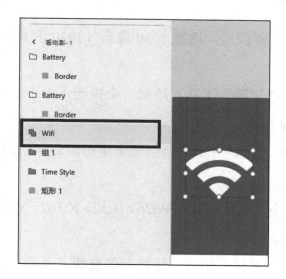

图 A-2-15　合并为组

任务 **3**　绘制导航栏

任务描述

设计底部导航栏，元素包括：找工作、宠物医院、看电影。

使用工具

Adobe XD 软件。

关键技术描述

1. 创建面板
2. 绘制内容

制作步骤

1. 创建面板

点击 Windows "开始" 按钮，在所有程序中点击 Adobe XD 程序。

启动 Adobe XD 软件主界面后，选择 1080 像素×1920 像素的面板。

2. 绘制内容

点击左侧工具栏中的"矩形"工具，绘制一个矩形，大小、位置为 W:1080，H:144，X:0，Y:1776，如图 A-3-1 所示。

点击左侧工具栏中的"矩形"工具，绘制一个矩形，大小、位置为 W:52，H:45，X:149，Y:1811，如图 A-3-2 所示。

再绘制两个矩形，大小、位置分别为 W:26，H:12，X:162，Y:1801；W:18，H:16，X:166，Y:1826，如图 A-3-3 所示。

点击左侧工具栏中的"直线"工具，绘制两条直线，大小、位置分别为 W:17，H:8，X:149，Y:1822；W:17，H:8，X:183，Y:1822，如图 A-3-4 所示。

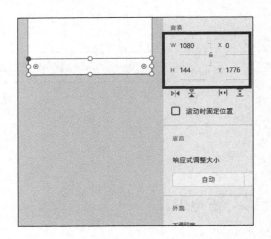

图 A-3-1　绘制矩形

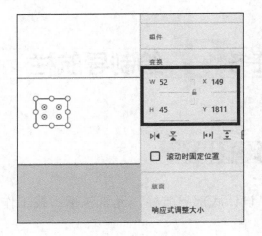

图 A-3-2　绘制矩形

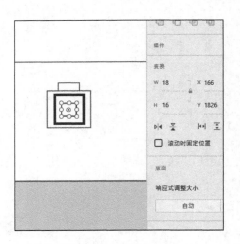

图 A-3-3　绘制矩形

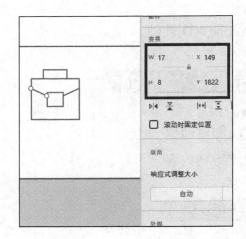

图 A-3-4　绘制直线

点击左侧工具栏中的"文本"工具，输入"找工作"，大小为30，居左，位置为 X:130，Y:1856，如图 A-3-5 所示。

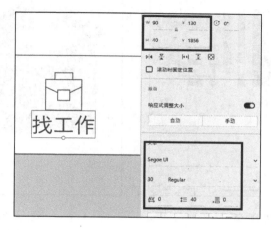

图 A-3-5　输入文本

点击左侧工具栏中的"多边形"工具，绘制一个三角形，大小、位置为 W:71，H:24，X:368，Y:1807，如图 A-3-6 所示。

选中三角形，填充颜色为#6E6E6E。

点击左侧工具栏中的"矩形"工具，绘制一个矩形，大小、位置为 W:47，H:42，X:369，Y:1831，如图 A-3-7 所示。

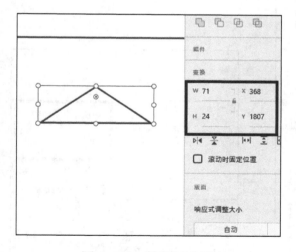

图 A-3-6　绘制三角形

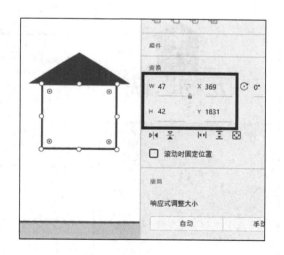

图 A-3-7　绘制矩形

选中矩形，填充颜色为#6E6E6E，如图 A-3-8 所示。

点击左侧工具栏中的"矩形"工具，绘制两个矩形，大小、位置分别为 W:6，H:21，X:381，Y:1827；W:6，H:21，X:389，Y:1821，如图 A-3-9 所示。

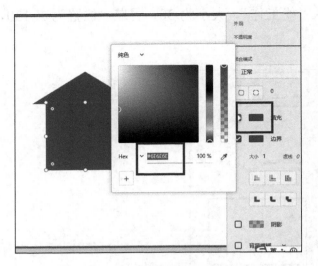

图 A-3-8　填充颜色

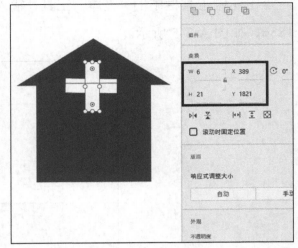

图 A-3-9　绘制矩形

点击左侧工具栏中的"文本"工具，输入"宠物医院"，大小为 30，居左。文本位置为 X:332，Y:1856，如图 A-3-10 所示。

点击左侧工具栏中的"矩形"工具，绘制一个矩形，大小、位置为 W:49，H:36，X:607，Y:1825，如图 A-3-11 所示。

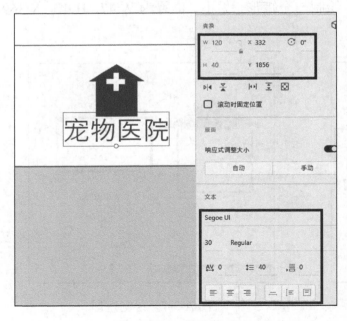

图 A-3-10　输入文本

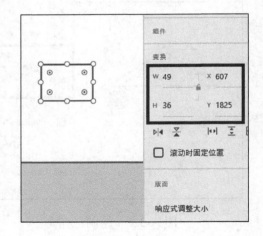

图 A-3-11　绘制矩形

选中矩形，填充颜色为#707070，如图 A-3-12 所示。

点击左侧工具栏中的"矩形"工具，绘制一个矩形，大小、位置为 W:16，H:9，X:607，Y:1813，如图 A-3-13 所示。

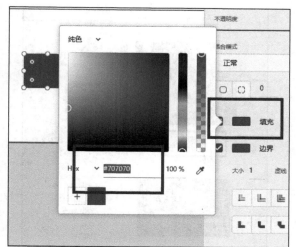
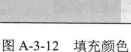

图 A-3-12　填充颜色

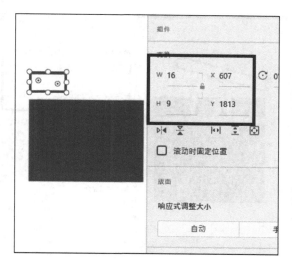

图 A-3-13　绘制矩形

选中矩形，填充颜色为#707070，如图 A-3-14 所示。

选中矩形，复制粘贴两个矩形，位置分别为 X:624，Y:1813；X:640，Y:1813，如图 A-3-15 所示。

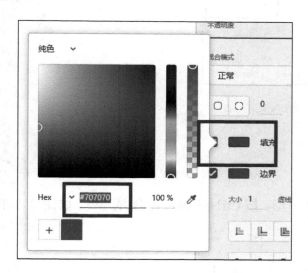

图 A-3-14　填充颜色

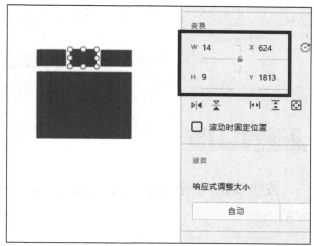

图 A-3-15　复制矩形

点击左侧工具栏中的"矩形"工具，绘制一个矩形，大小、位置为 W:42，H:6，X:605，Y：1794，倾斜度为-15°，如图 A-3-16 所示。

选中矩形，填充颜色为#707070，如图 A-3-17 所示。

点击左侧工具栏中的"文本"工具，输入"看电影"，大小为 30，居左。文本位置为 X:585，Y:1857，如图 A-3-18 所示。

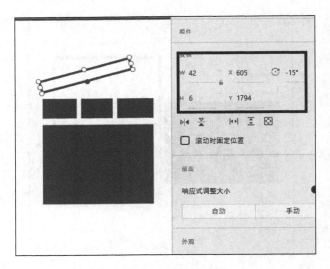

图 A-3-16　绘制矩形

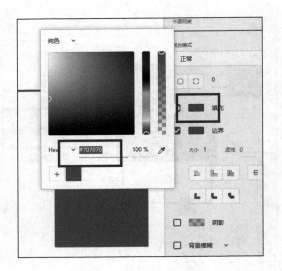

图 A-3-17　填充颜色

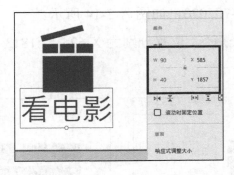

图 A-3-18　输入文本

扩展优化

　　按住 Shift+鼠标左键，选择绘制完成的三个矩形，按 Ctrl+G 键可以合并为组，如图 A-3-19
所示。

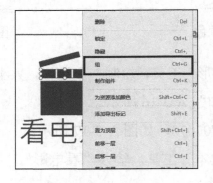

图 A-3-19　合并为组

进阶提升

按住 Shift 点击图形，可以对选中图形进行批量填充颜色，如图 A-3-20 所示。

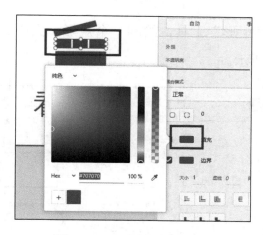

图 A-3-20 批量填充颜色

任务 4 实现搜索框功能

任务描述

制作搜索框，实现搜索框功能。

使用工具

Adobe XD 软件。

关键技术描述

1. 绘制基本图形

2. 插入组件

3. 加入动作

制作步骤

1. 绘制基本图形

点击左侧工具栏中的"矩形"工具，绘制一个矩形，大小、位置为 W:1006，H:110，X:39，Y:270，如图 A-4-1 所示。

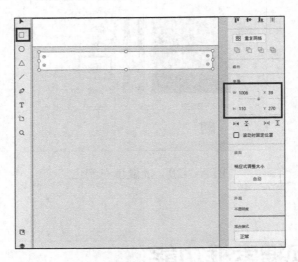

图 A-4-1　绘制矩形

点击左侧工具栏中的"文本"工具，输入"请输入搜索内容"，大小为 40，居左。文本位置为 X:64，Y:299，如图 A-4-2 所示。

点击左侧工具栏中的"文本"工具，输入"搜索"，大小为 40，居左。文本位置为 X:921，Y:299，如图 A-4-3 所示。

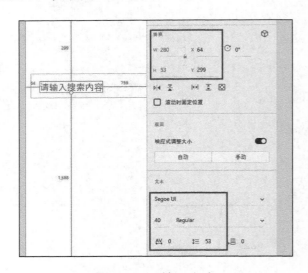

图 A-4-2　输入文本

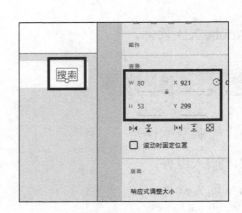

图 A-4-3　输入文本

2. 插入组件

选中"请输入搜索内容"，点击右侧属性栏中"组件"右边的加号按钮，添加悬停状态和切换状态，如图 A-4-4 所示。

点击"悬停状态"，双击文字输入"1"，文字大小为 50，居左，如图 A-4-5 所示。

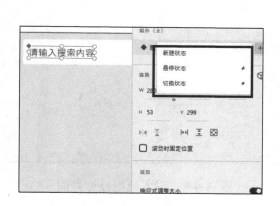

图 A-4-4 添加状态

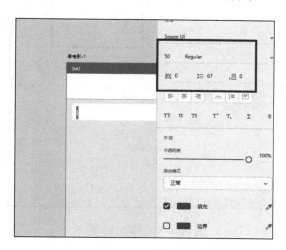

图 A-4-5 设置悬停状态

点击"切换状态"，如图 A-4-6 所示。

双击文字输入"变形金刚"，文字大小为 40，居左，如图 A-4-7 所示。

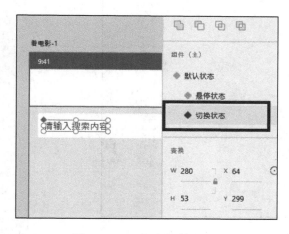

图 A-4-6 点击切换状态

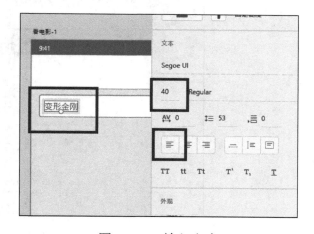

图 A-4-7 输入文本

3. 加入动作

点击左侧工具栏中的"画板"工具，添加对应尺寸的画板，创建"看电影-2"，画板大小改为 W:1080，H:1920，如图 A-4-8 所示。

点击"原型"选项卡，进入原型设计界面，如图 A-4-9 所示。

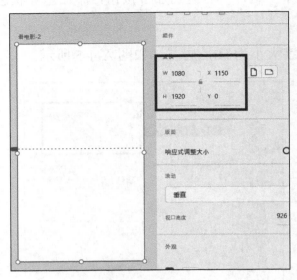

图 A-4-8　添加画板

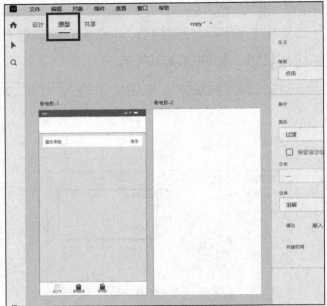

图 A-4-9　进入原型设计界面

点击"看电影-1"中的"搜索"，如图 A-4-10 所示。

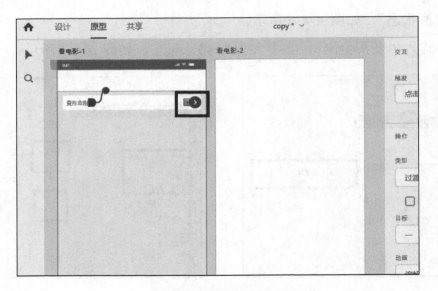

图 A-4-10　选中文本

按住蓝色箭头，拖动到画板"看电影-2"中，连接画板，如图 A-4-11 所示。

在右侧属性栏中，选中"类型"下拉列表中的"自动制作动画"，选中"触发"下拉列表中的"点击"，如图 A-4-12 所示。

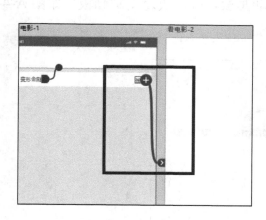
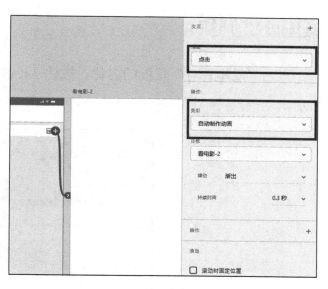

图 A-4-11　连接画板　　　　　　　　　图 A-4-12　设置属性

扩展优化

点击左侧工具栏中的"直线"工具，绘制一条直线，大小、位置为 W:0，H:82，X:865，Y:284，如图 A-4-13 所示。

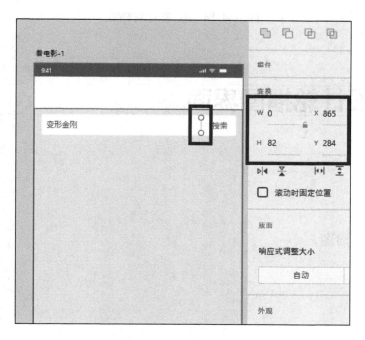

图 A-4-13　绘制直线

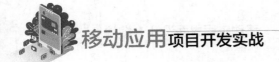

　　点击"看电影-1"画板的名称，按住 Alt 键拖动画板，可以快速复制画板，如图 A-4-14 所示。

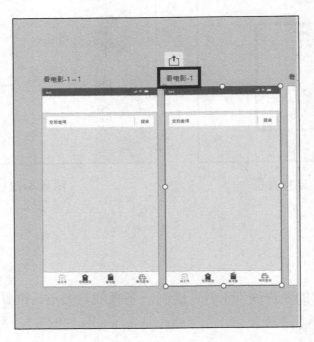

图 A-4-14　快速复制画板

任务 5　设计轮播图界面

任务描述

　　在界面中制作轮播图。

使用工具

　　Adobe XD 软件。

关键技术描述

1. 插入图片
2. 调整图片大小、位置
3. 设置原型动作

制作步骤

1. 插入图片

点击 Windows "开始"按钮，在主菜单的所有程序中，点击 Adobe XD 程序图标，打开 Adobe XD 主界面。在主界面中选择"文件"→"导入"菜单命令，如图 A-5-1 所示。

打开"素材库"窗口，选中"1-1-1.png"文件，再单击"导入"按钮，如图 A-5-2 所示。

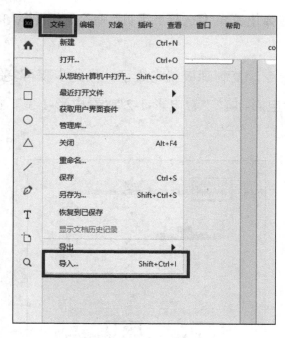

图 A-5-1　导入图片　　　　　　　　图 A-5-2　导入图片

2. 调整图片大小、位置

点击导入的图片，调整图片大小、位置为 W:1020，H:301，X:30，Y:407，如图 A-5-3 所示。

移动应用项目开发实战

图 A-5-3　调整图片大小、位置

3. 设置原型动作

复制"看电影-1"，右击"看电影-1"画板，在弹出菜单中选择"拷贝"命令，如图 A-5-4 所示。

右击空白处，在弹出菜单中选择"粘贴"命令，复制画板就完成了，按此步骤再复制两个画板，此时得到三个复制画板，分别为"看电影-1-1""看电影-1-2""看电影-1-3"，如图 A-5-5 所示。

图 A-5-4　复制画板

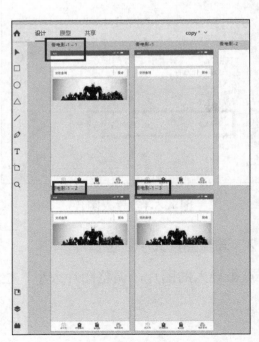

图 A-5-5　粘贴画板

右击"看电影-1-2"画板中的图片,在弹出的菜单中选择"替换图像"命令,如图 A-5-6 所示。

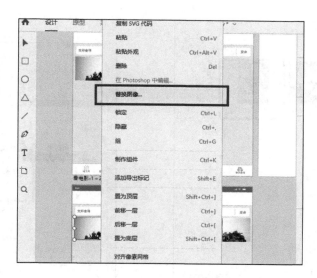

图 A-5-6　替换图像

在打开的"素材库"窗口中选中"1-1-2.png"文件,再单击"导入"按钮,如图 A-5-7 所示。

右击"看电影-1-3"画板中的图片,在弹出的菜单中选择"替换图像"命令,如图 A-5-8 所示。

图 A-5-7　导入图片

图 A-5-8　替换图像

在打开的"素材库"窗口中选中"1-1-3.png"文件,再单击"导入"按钮,如图 A-5-9 所示。

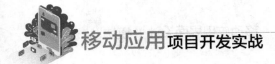

单击"原型"选项，进入原型界面，选中"看电影-1-1"画板连接到"看电影-1-2"画板，如图 A-5-10 所示。

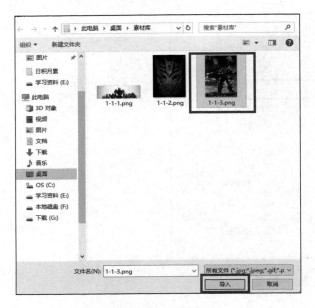

图 A-5-9　导入图片

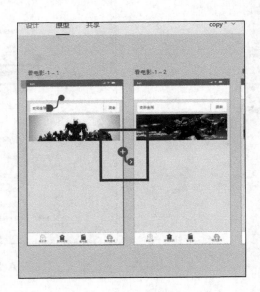

图 A-5-10　连接画板

选中"看电影-1-2"画板连接到"看电影-1-3"画板，如图 A-5-11 所示。

选中"看电影-1-3"画板连接到"看电影-1-1"画板，如图 A-5-12 所示。

图 A-5-11　连接画板

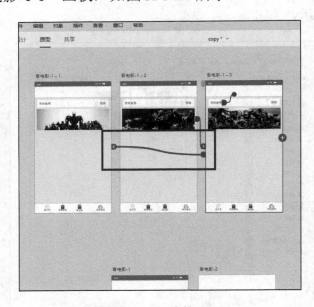

图 A-5-12　连接画板

选中"看电影-1-1"画板，在右侧属性栏中进行设置，触发：时间；延迟：3 秒；类型：自动制作动画；目标：看电影-1-2；缓动：渐出；持续时间：0.3 秒，如图 A-5-13 所示。

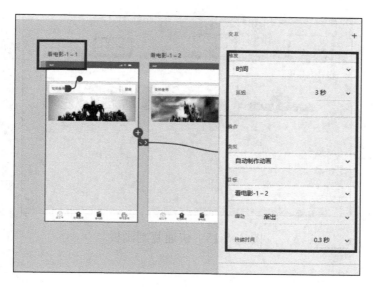

图 A-5-13　设置属性

此外,"看电影-1-2"和"看电影-1-3"的制作流程同上所示。

扩展优化

插入的图片可以设置圆角来提升美观度,点击导入的图片,在右侧属性栏中,将圆角设置为 20,如图 A-5-14 所示。

图 A-5-14　设置圆角

进阶提升

点击"看电影-1",按住 Alt 键拖拽,可以快速复制画板,如图 A-5-15 所示。

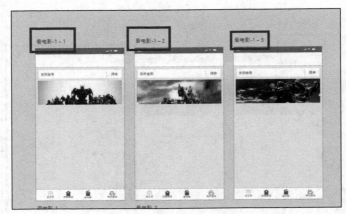

图 A-5-15　快速复制画板

任务 6　设计服务入口

任务描述

服务入口需要显示提示小标题、服务入口的不同图标、对应的服务入口名称等信息。

使用工具

Adobe XD 软件。

关键技术描述

1. 绘制小标题
2. 导入图片
3. 输入文字
4. 复制粘贴

制作步骤

1. 绘制小标题

单击左侧工具栏中的"直线"工具，绘制一个小竖线（W:0，H:45，X:44，Y:876），如图 A-6-1 所示。

选中小竖线，颜色修改为#49B0FE，大小改为 10，如图 A-6-2 所示。

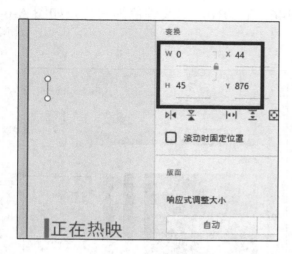

图 A-6-1　绘制小竖线

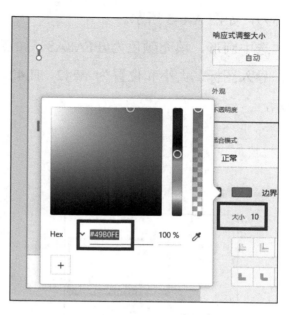

图 A-6-2　修改颜色和大小

单击左侧工具栏中的"文本"工具，在竖线后输入"全部服务"（X:55，Y:879），如图 A-6-3 所示。

点击文本框，修改颜色为黑色，文字大小为 40，粗细为 Regular，如图 A-6-4 所示。

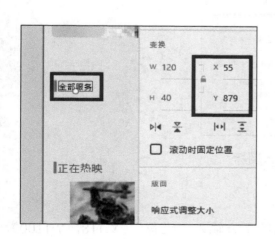

图 A-6-3　输入文本

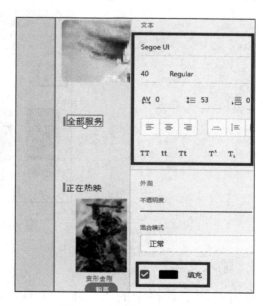

图 A-6-4　修改文本样式

2. 导入图片

点击左侧工具栏中的"椭圆"工具，在页面中绘制一个圆形（W:124，H:124，X:99，Y:969），如图 A-6-5 所示。

选中圆形，填充颜色为#FFA8A8，如图 A-6-6 所示。

导入图标，大小和位置为 W:42，H:42，X:146，Y:1010，修改颜色为白色，如图 A-6-7 所示。

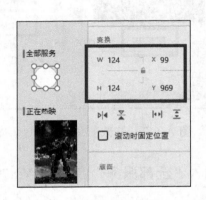

图 A-6-5　绘制圆形

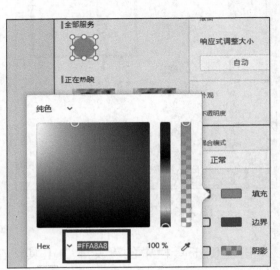

图 A-6-6　填充颜色

图 A-6-7　导入图标

3. 输入文字

点击左侧工具栏中的"文本"工具，在圆形的下方输入"推荐"（X:118，Y:1100），如图 A-6-8 所示。

选中文本框，设置文字属性：颜色为#A6A6A6，大小为 40，粗细为 Regular，如图 A-6-9 所示。

图 A-6-8　输入文本

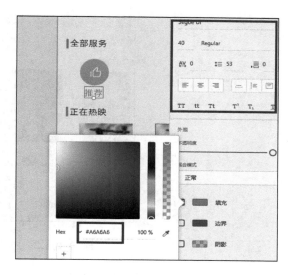

图 A-6-9　设置文字属性

4. 复制粘贴

选中圆形和"推荐"合并为组，利用"重复网格"工具复制相应个数后移动到合适位置，点击"取消网格编组"按钮，如图 A-6-10 所示。

将复制出的组件按照要求修改为对应内容，如图 A-6-11 所示。

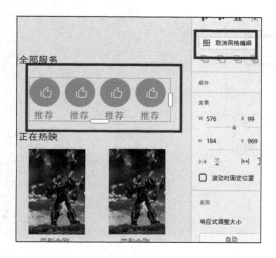

图 A-6-10　点击"取消网格编组"按钮

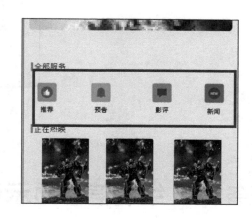

图 A-6-11　修改组件内容

扩展优化

在右侧属性栏中，点击"重复网格"按钮时，如图 A-6-12 所示，注意行与行的间距，

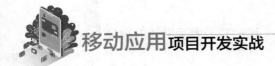

根据界面整体美观进行调整，复制相应的个数，在调整完之后，在右侧属性栏中单击"取消网格编组"按钮。

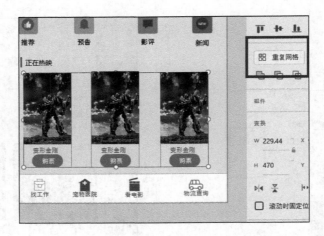

图 A-6-12　点击"重复网格"按钮

进阶提升

在使用重复网格功能时，一定要事先将需要复制的所有项目合并为组，才可以使用，如图 A-6-13 所示。

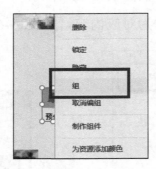

图 A-6-13　合并为组

任务 7　绘制信息显示板块

任务描述

信息显示板块需要显示电影封面图片、电影名称、购票按钮等相关内容信息。

使用工具

Adobe XD 软件。

关键技术描述

1. 绘制小标题
2. 导入图片
3. 输入电影名称
4. 绘制购票按钮

制作步骤

1. 绘制小标题

点击 Windows "开始"按钮，在主菜单的所有程序中，点击 Adobe XD 程序图标，打开 Adobe XD 主界面。

单击左侧工具栏中的"直线"工具，绘制一条小竖线（W:0，H:45，X:44，Y:1195），如图 A-7-1 所示。

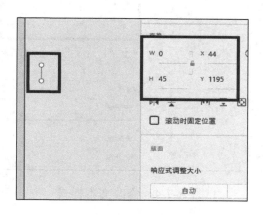

图 A-7-1　绘制小竖线

选中小竖线，将其颜色修改为#49B0FE，大小改为 10，如图 A-7-2 所示。

单击左侧工具栏中的"文本"工具，在竖线后输入"正在热映"（X:52，Y:1187），如图 A-7-3 所示。

点击文本框，设置文字颜色为黑色，大小为 40，粗细为 Regular，如图 A-7-4 所示。

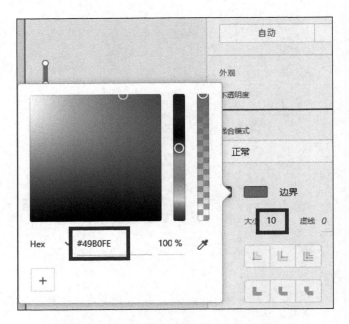

图 A-7-2　修改竖线颜色、大小

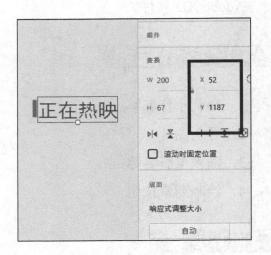

图 A-7-3　输入文本

图 A-7-4　修改文本样式

2．导入图片

在主界面中选择"文件"→"导入"菜单命令，打开"素材库"窗口，选中"1-1-4.png"文件，再单击"导入"按钮，如图 A-7-5 所示。

选中图片，调整图片的大小和位置（W:229.44，H:354，X:82，Y:1270），如图 A-7-6所示。

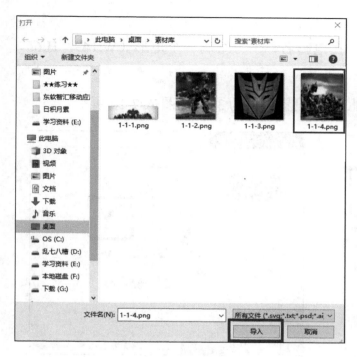

图 A-7-5　导入图片

图 A-7-6　调整图片大小和位置

3. 输入电影名称

点击左侧工具栏中的"文本"工具，在电影图片的下方输入电影名称"变形金刚"（X:143，Y:1626），如图 A-7-7 所示。

选中文本框，修改文字属性（颜色为黑色，大小为 30，粗细为 Regular），如图 A-7-8 所示。

图 A-7-7　输入文本

图 A-7-8　修改文字属性

4. 绘制购票按钮

单击左侧工具栏中的"矩形"工具，在电影名称下方绘制一个矩形（W:149，H:65，X:143，Y:1688），如图 A-7-9 所示。

选中矩形，在右侧属性栏中选择"外观"，设置圆角为 38，如图 A-7-10 所示。

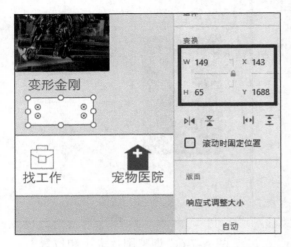

图 A-7-9　绘制矩形

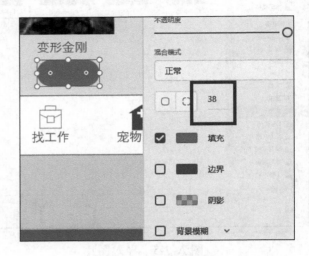

图 A-7-10　设置圆角

单击左侧工具栏中的"文本"工具，在圆角矩形中输入"购票"（X:192，Y:1701），如图 A-7-11 所示。

修改文字属性（颜色：白色，大小：30，文字粗细：Regular），如图 A-7-12 所示。

图 A-7-11　输入"购票"

图 A-7-12　修改文字属性

点击圆角矩形和文字，合并为组，如图 A-7-13 所示。

选择电影图片、电影名称、购票按钮，合并为组，利用"重复网格"工具复制相应个数后点击"取消网格编组"按钮，如图 A-7-14 所示。

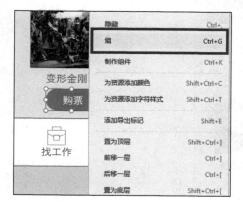

图 A-7-13　合并为组

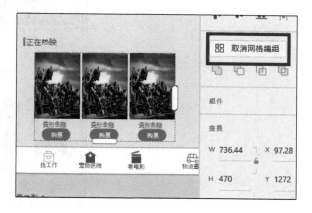

图 A-7-14　点击"取消网格编组"按钮

将复制出的组件按照要求修改对应内容，如图 A-7-15 所示。

图 A-7-15　修改组件内容

扩展优化

在制作小标题时，可以对垂直竖线或输入的文字进行颜色、大小、字体上的更改，但最后修改完成的格式，一定要与整个界面的布局和颜色统一，如图 A-7-16 所示。

图 A-7-16　调整布局颜色

进阶提升

在 Adobe XD 中，在设计画布上设置好画板后，画板的上边缘和左边缘分别有参考线区域，如图 A-7-17 所示。这个区域有助于便捷地拖放参考线，实现与画板的水平和垂直中心的精准对齐。此外，还可以轻松复制这些参考线，并将其粘贴到其他画板中，以便保持设计的一致性。当然，如果不再需要某些参考线，可以直接删除它们，或是拖回参考线区域进行隐藏，灵活控制参考线的可见状态，可以优化工作流程。

要创建垂直参考线，可以将光标悬停在画板的左边框上，直到显示 ◀▶ 图标为止。单击并按住此图标，然后将其拖到所需位置。

要创建水平参考线，请将光标悬停在画板的顶部边框上，直到显示 ▲▼ 图标为止。单击并按住此图标，拖到所需位置。

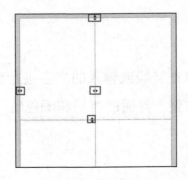

图 A-7-17　参考线区域

任务 8 设计物流查询主界面

任务描述

实现设计某物流公司查询主界面功能：点击底部导航栏"物流查询"，进入物流查询界面，界面包括：搜索输入框、广告轮播图、物流公司推荐，下方显示物流公司列表，列表项显示物流公司名称和缩略图等。

使用工具

Adobe XD 软件。

关键技术描述

1. 新建画板
2. 修改画板固定布局
3. 绘制搜索输入框
4. 插入广告轮播图
5. 绘制物流公司推荐
6. 绘制物流公司列表

制作步骤

1. 新建画板

在打开的主界面上，请按照题目中的规定尺寸（1080 像素×1920 像素）新建画板，用于绘制物流查询主界面的相关内容。

2. 修改画板固定布局

选择某一个绘制完成的画板，复制粘贴，将内容全部删除，只留下空白界面，如图 A-8-1 所示。

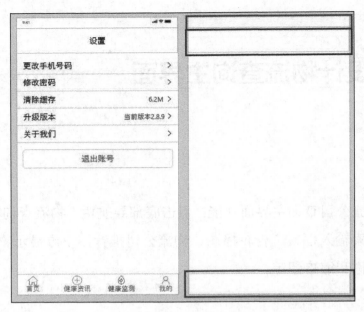

图 A-8-1　空白界面

导入素材，使用快捷键 Ctrl+Shift+I，弹出文件选择窗口，在"素材包"里选择图标素材"10-22.png"，点击"导入"按钮，导入至状态栏，修改其大小（W:1080，H:49，X:0，Y:7），如图 A-8-2 所示。

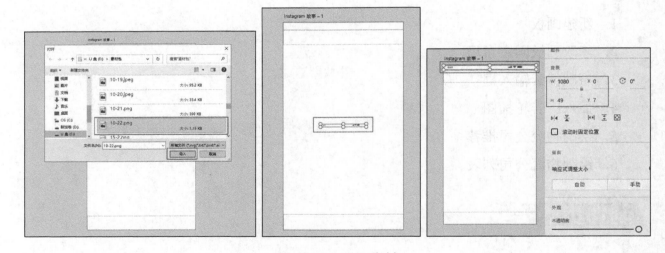

图 A-8-2　导入素材

单击选中标题栏，在右侧属性栏中选择"填充"，填充颜色为#49B0FE，如图 A-8-3 所示。

单击取消"边界"前面的勾选框，如图 A-8-4 所示。

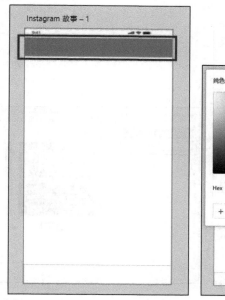
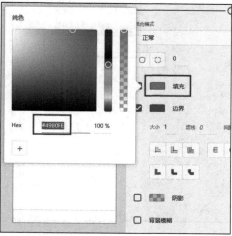

图 A-8-3　填充颜色

图 A-8-4　取消"边界"勾选框

3. 绘制搜索输入框

在标题栏下方绘制搜索输入框，单击左侧工具栏中的"矩形"工具，在标题栏下方绘制一个矩形（W:787，H:110，X:31，Y:250），如图 A-8-5 所示。

选中矩形，填充颜色为#EEF8FF，如图 A-8-6 所示。

取消"边界"勾选框，如图 A-8-7 所示。

单击左侧工具栏中的"文本"工具，在绘制完成的矩形上点击输入"请输入内容"等提示文字，如图 A-8-8 所示。

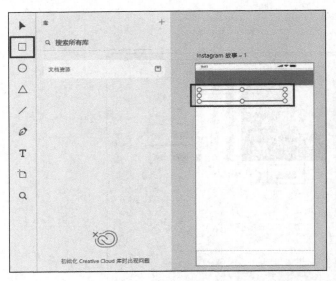

图 A-8-5 绘制矩形

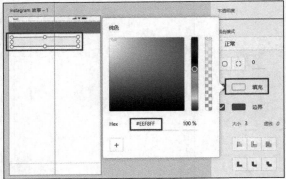

图 A-8-6 填充颜色

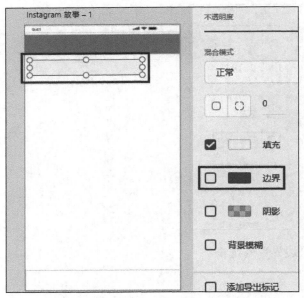

图 A-8-7 取消"边界"勾选框

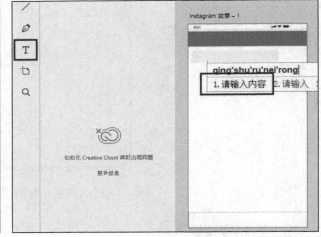

图 A-8-8 输入提示文字

输入完成后，单击文本框，设置文字属性（大小：45，粗细：Regular），如图 A-8-9 所示。

选中文字，填充颜色为#B1B1B1，如图 A-8-10 所示。

将修改后的文本框放置在矩形框内（X:116，Y:275），如图 A-8-11 所示。

图 A-8-9　设置文字属性

图 A-8-10　填充颜色

图 A-8-11　更改位置

　　按住 Shift 键点击绘制完成的文字和矩形，将选中的文字和矩形合并为组，如图 A-8-12 所示。

　　点击左侧工具栏中的"矩形"工具，在搜索输入框的右侧绘制一个矩形（W:171，H:110，

X:843，Y:250），如图 A-8-13 所示。

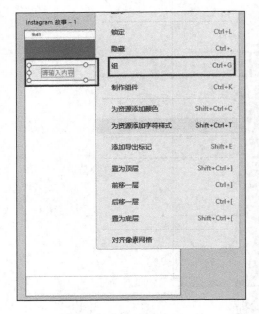

图 A-8-12　合并为组

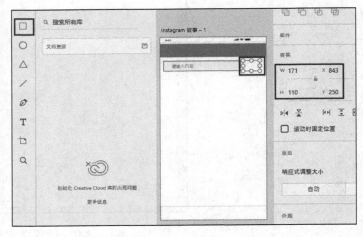

图 A-8-13　绘制矩形

选中矩形，颜色填充为白色，边界为灰色（#707070），如图 A-8-14 所示。

在右侧属性栏中修改矩形的圆角弧度为 20，如图 A-8-15 所示。

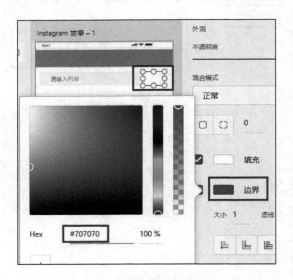

图 A-8-14　填充颜色

图 A-8-15　修改圆角弧度

单击左侧工具栏中的"文本"工具，在矩形内输入"搜索"（X:884，Y:275），修改文字属性（大小：45，粗细：Regular，边界颜色：#000000，填充颜色：#000000），如图 A-8-16 所示。

图 A-8-16　输入文字并修改文字属性

　　单击输入框组件，选中后点击属性栏中"组件"选区中的"+"按钮，出现"默认状态"下拉列表，如图 A-8-17 所示。

　　单击"+"按钮展开"默认状态"下拉列表，选择"悬停状态"选项，如图 A-8-18 所示。

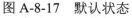

图 A-8-17　默认状态

图 A-8-18　悬停状态

　　选中"悬停状态"选项后，双击输入框，外圈绿色点状线变成绿色直线，如图 A-8-19 所示。

　　将文本框删除，就可以在矩形中增加内容，单击"直线"工具，在矩形内绘制一条直线（W:0，H:41，X:123，Y:285），如图 A-8-20 所示。

　　点击直线，修改颜色为黑色，大小为 8，如图 A-8-21 所示。

　　再次单击"+"按钮展开"默认状态"下拉列表，选择"切换状态"选项，如图 A-8-22 所示。

图 A-8-19　双击输入框

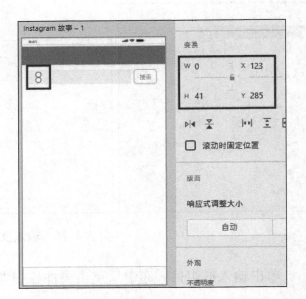

图 A-8-20　绘制直线

图 A-8-21　修改直线的颜色、大小

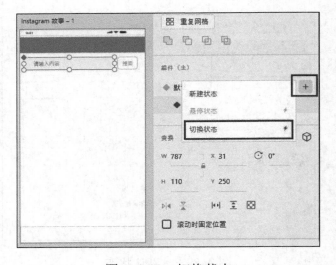

图 A-8-22　切换状态

　　选中"切换状态"选项后，双击输入框，外圈绿色点状线变成绿色直线，如图 A-8-23 所示。

　　单击矩形内的文本框，输入某物流公司名称，点击文本框设置文字属性（颜色：黑色，大小：45，粗细：Regular），如图 A-8-24 所示。

图 A-8-23　双击输入框　　　　　　　　　图 A-8-24　设置文字属性

4. 插入广告轮播图

点击页面左上角的"文件"，选择"导入"功能，进入"素材包"，在"素材包"中选择所需要的图片（选择图片 10-1、10-2、10-3），点击"导入"，如图 A-8-25 所示。

将导入的图片进行组合，按住 Shift 键点击图片后，右击鼠标选择"组"功能，将图片合并为组，如图 A-8-26 所示。

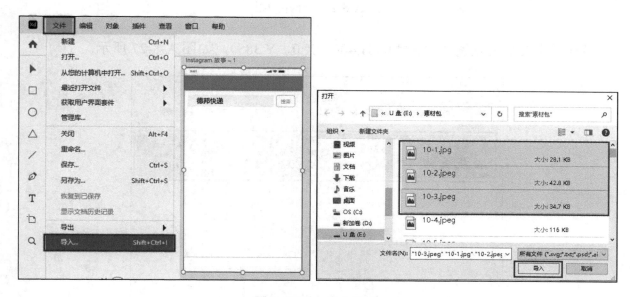

图 A-8-25　导入图片

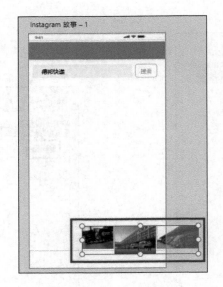

图 A-8-25　导入图片（续）

图 A-8-26　合并为组

调整图片大小及位置（W:3240，H:400，X:0，Y:385），如图 A-8-27 所示。

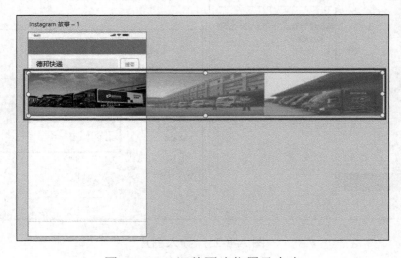

图 A-8-27　调整图片位置及大小

5. 绘制物流公司推荐

单击左侧工具栏中的"直线"工具，在轮播图下方绘制一条小竖线（W:0，H:46，X:40，Y:842），如图 A-8-28 所示。

选中小竖线，颜色修改为#49B0FE，大小改为 10，如图 A-8-29 所示。

图 A-8-28　绘制小竖线

图 A-8-29　修改小竖线颜色和大小

单击左侧工具栏中的"文本"工具，在竖线后输入"物流公司推荐"（X:52，Y:837），如图 A-8-30 所示。

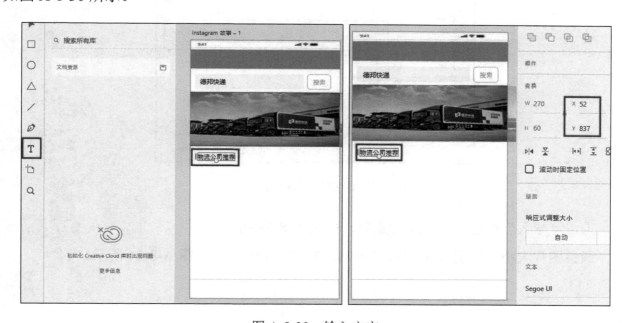

图 A-8-30　输入文字

点击文本框，修改文字属性，颜色为黑色，大小为 40，粗细为 Regular，如图 A-8-31 所示。

图 A-8-31　修改文字属性

导入素材，使用快捷键 Ctrl+Shift+I，弹出文件选择窗口，在"素材包"里选择图标素材"10-13.jpeg"，如图 A-8-32 所示。

图 A-8-32　选择图片

点击"导入"按钮，导入图片素材，如图 A-8-33 所示。

调整图片大小及位置（W:128，H:128，X:92，Y:924），如图 A-8-34 所示。

图 A-8-33　导入图片　　　　　　　　　图 A-8-34　调整图片大小及位置

单击左侧工具栏中的"文本"工具，在物流公司图片下方输入该物流公司的名称（X:86，Y:1057），修改文字属性（大小：35，粗细：Regular），如图 A-8-35 所示。

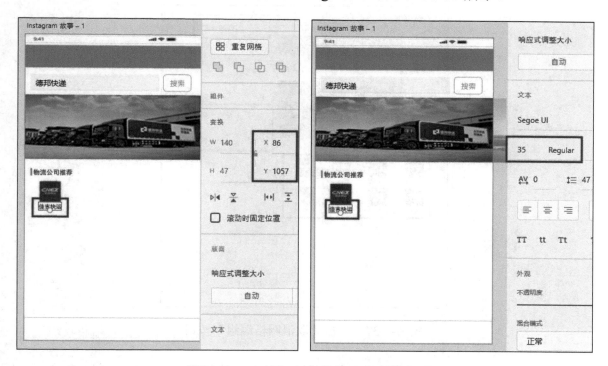

图 A-8-35　输入文字并修改文字属性

选中文本框和物流公司图片，右击鼠标合并为组，如图 A-8-36 所示。

图 A-8-36　合并为组

选中组件，在右侧属性栏中单击"重复网格"按钮，复制相应的个数，在等比例调整后（W:917，H:377，X:85，Y:924），点击"取消网格编组"按钮，如图 A-8-37 所示。

图 A-8-37　点击"取消网格编组"按钮

点击某个组件，双击选中图片，右击鼠标选择"替换图像"，在"素材包"中选择自己所需要的图片（选择图片 10-6～10-13），更改图片后，将下方对应的物流公司名称也一并更改，如图 A-8-38 所示。

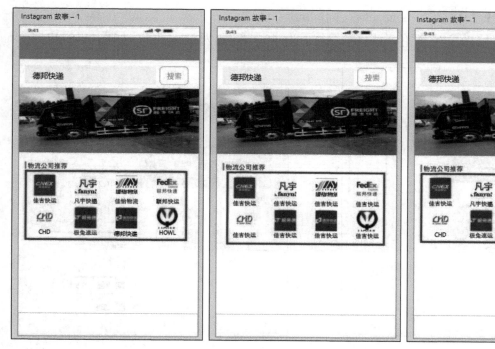

图 A-8-38　修改组件内容

6．绘制物流公司列表

单击左侧工具栏中的"直线"工具，绘制一条小竖线（W:0，H:46，X:40，Y:1334），
如图 A-8-39 所示。

选中小竖线，颜色修改为#49B0FE，大小改为 10，如图 A-8-40 所示。

图 A-8-39　绘制小竖线　　　　　　　　图 A-8-40　修改颜色和大小

单击左侧工具栏中的"文本"工具，在竖线后输入"其他物流公司列表"（X:52，Y:1329），如图 A-8-41 所示。

点击文本框，修改文字颜色为黑色，大小为 40，粗细为 Regular，如图 A-8-42 所示。

图 A-8-41　输入文本

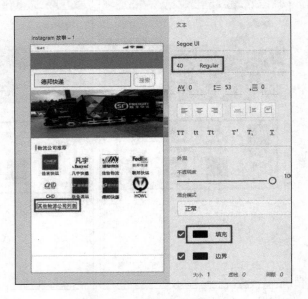

图 A-8-42　修改字体样式

在标题下方位置导入图片（W:128，H:128，X:86，Y:1403），调整大小，如图 A-8-43 所示。

图 A-8-43　调整图片大小和位置

单击左侧工具栏中的"文本"工具，在图片右侧输入物流公司名称（X:238，Y:1436），调整文字属性（颜色：黑色，大小：35，粗细：Regular），如图 A-8-44 所示。

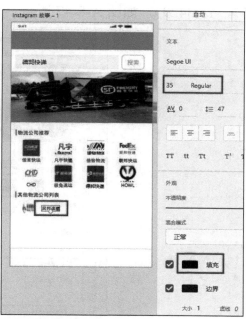

图 A-8-44　输入文字并调整文字属性

将图片和文字合并为组，如图 A-8-45 所示。

选中组件，在右侧属性栏中点击"重复网格"按钮，复制相应的个数，如图 A-8-46 所示。

图 A-8-45　合并为组　　　　　　　图 A-8-46　利用"重复网格"工具

列表超出画板时，双击选中画板，点击底部边框向下拖至合适位置（W:1080，H:2278，X:10257，Y:-3429），如图 A-8-47 所示。

图 A-8-47　修改画板大小

在等比例调整之后，点击"取消网格编组"按钮，如图 A-8-48 所示。

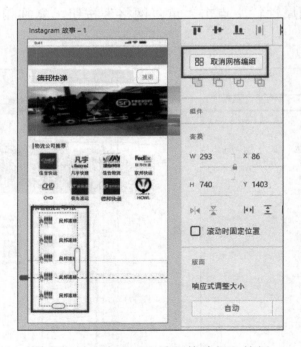

图 A-8-48　点击"取消网格编组"按钮

点击某个组件，双击选中图片，右击选择"替换图像"，在"素材包"中选择自己所需要的图片（选择图片 10-14～10-18），替换图片后，将下方对应的物流公司名称也一并更改，如图 A-8-49 所示。

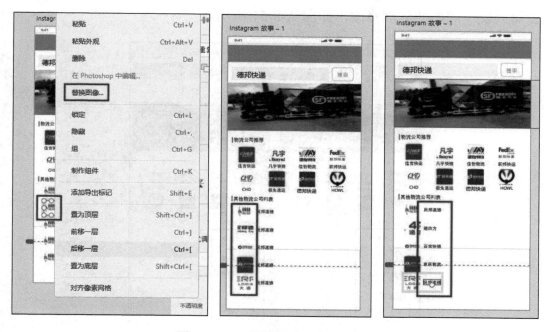

图 A-8-49　替换图像并修改文字

　　修改完成后，点击底部导航栏，将其图层拖移到所有图层上方，然后在右侧属性栏中勾选"滚动时固定位置"复选框，如图 A-8-50 所示。

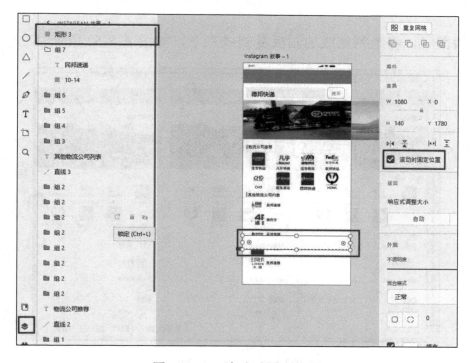

图 A-8-50　滚动时固定位置

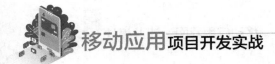

全部修改完后，选中画板，复制粘贴生成新的画板，按照首字母 A-Z 和 Z-A 进行"其他物流公司列表"顺序的颠倒修改，如图 A-8-51 所示。

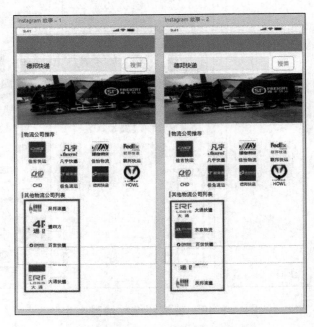

图 A-8-51　修改列表顺序

扩展优化

制作轮播图时，将绘制完成的画板复制成三个，如图 A-8-52 所示。

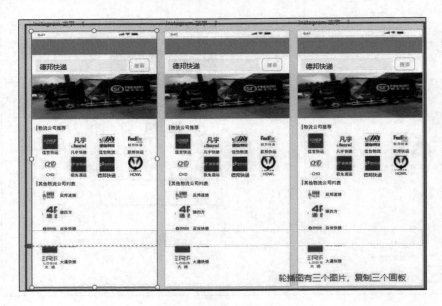

图 A-8-52　复制画板

将后两个画板的展示图片更换成不同的图片，如图 A-8-53 所示。

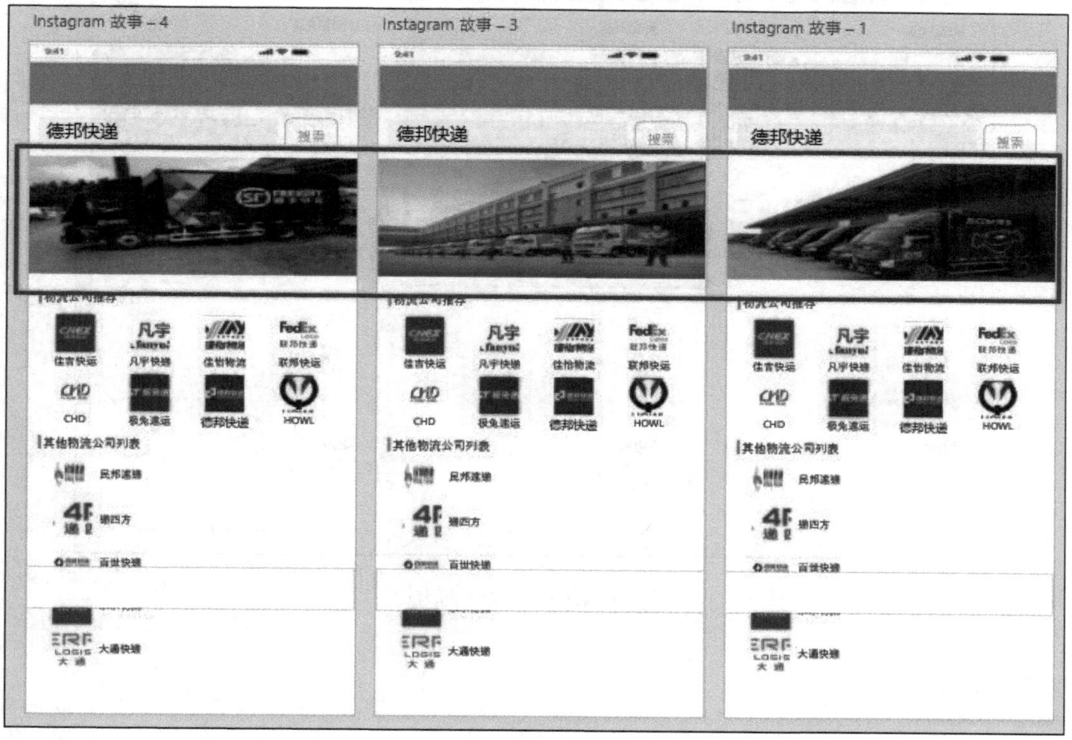

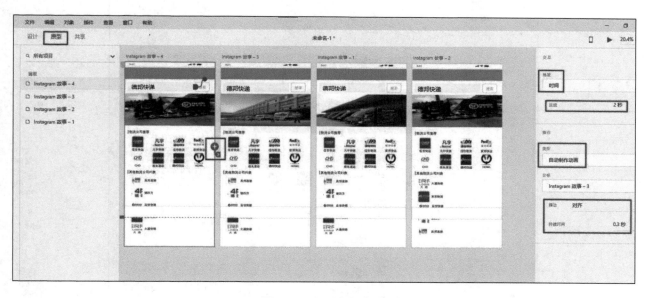

图 A-8-53　更换图片

单击"原型"选项卡，进入原型界面，在右侧属性栏中进行设置，触发：时间；延迟：2 秒；类型：自动制作动画；缓动：对齐；持续时间：0.3 秒；如图 A-8-54 所示。

图 A-8-54　设置数值

三个画板相互连接即可完成，如图 A-8-55 所示。

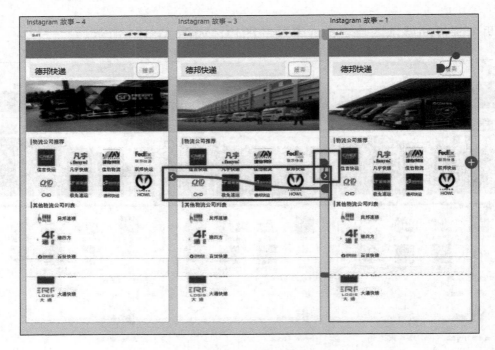

图 A-8-55　连接画板

进阶提升

在搜索框实现搜索功能时，点击"搜索"按钮，再单击"原型"选项卡，进入原型界面，将搜索按钮连接到跳转界面，如图 A-8-56 所示。

图 A-8-56　连接跳转界面

任务 9 实现物流排序功能

任务描述

实现显示物流公司列表，列表项显示物流公司名称和缩略图。在"物流查询界面"中的"其他物流公司"中，包含两个单选按钮，每个元素完整显示，点击"排序"按钮能够正常实现排序功能。

使用工具

Adobe XD 软件。

关键技术描述

1. 绘制提示标题
2. 绘制排序按钮
3. 导入图片，输入文字
4. 最后修改

制作步骤

1. 绘制提示标题

单击左侧工具栏中的"直线"工具，绘制一条小竖线（W:0，H:46，X:40，Y:1334），如图 A-9-1 所示。

选中小竖线，颜色修改为#49B0FE，大小改为 10，如图 A-9-2 所示。

单击左侧工具栏中的"文本"工具，在竖线后输入"其他物流公司列表"（X:52，Y:1329），如图 A-9-3 所示。

点击文本框，修改文字颜色为黑色，大小为 40，粗细为 Regular，如图 A-9-4 所示。

图 A-9-1　绘制小竖线

图 A-9-2　修改线条大小和颜色

图 A-9-3　输入文本

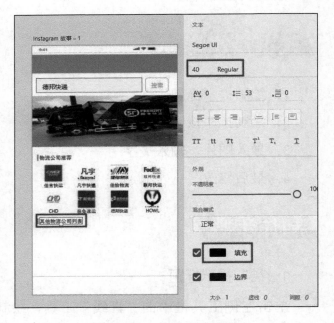

图 A-9-4　修改文字属性

2. 绘制排序按钮

点击左侧工具栏中的"椭圆"工具，在小标题下方绘制两个大小相同的圆形（第 1 个圆形：W:70，H:70，X:96，Y:1416；第 2 个圆形：W:70，H:70，X:456，Y:1416），如图 A-9-5 所示。

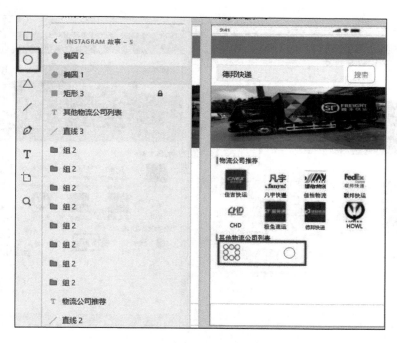

图 A-9-5 绘制圆形

将第 1 个圆形填充颜色#49B0FE，并取消"边界"复选框中的勾选，如图 A-9-6 所示。

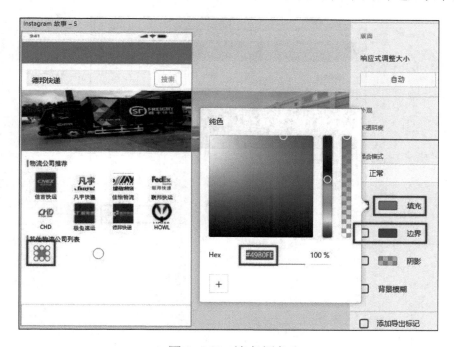

图 A-9-6 填充颜色

点击左侧工具栏中的"文本"工具，在两个圆形的右侧分别输入文字"A-Z 排序"（X:180，Y:1428）和"Z-A 排序"（X:540，Y:1428），如图 A-9-7 所示。

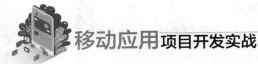

图 A-9-7　输入文字

调整文字颜色为黑色，大小为 35，粗细为 Regular，如图 A-9-8 所示。

图 A-9-8　调整文字属性

3. 导入图片，输入文字

在标题下方导入图片，调整大小和位置（W:128，H:128，X:80，Y:1509），如图 A-9-9
所示。

图 A-9-9　调整图片大小和位置

　　单击左侧工具栏中的"文本"工具，在图片右侧（X:232，Y:1542）输入物流公司名称（颜色：黑色，大小：35，粗细：Regular），如图 A-9-10 所示。

　　将图片和文字合并为组，如图 A-9-11 所示。

图 A-9-10　输入文字并调整文字属性

图 A-9-11　合并为组

选中组件，在右侧属性栏中点击"重复网格"按钮，复制相应的个数，如图 A-9-12 所示。

列表超出画板时，双击选中画板，点击底部边框向下拖至合适位置（W:1080，H:2392，X:12104，Y:-14287），如图 A-9-13 所示。

图 A-9-12　利用"重复网格"工具

图 A-9-13　修改画板

在等比例调整之后，点击"取消网格编组"按钮。

点击某个组件，双击选中图片，右击选择"替换图像"，在"素材包"中选择自己所需要的图片（选择图片 10-14～10-18），更改图片后将下方对应的物流公司名称也一并更改，如图 A-9-14 所示。

修改完成后，点击底部导航栏，将其图层拖移到所有图层上方，然后在右侧属性栏中勾选"滚动时固定位置"复选框，如图 A-9-15 所示。

全部修改完后，选中画板，复制粘贴生成新的画板，按照首字母 A-Z 和 Z-A 进行"其他物流公司列表"顺序的颠倒修改，如图 A-9-16 所示。

图 A-9-14　修改列表

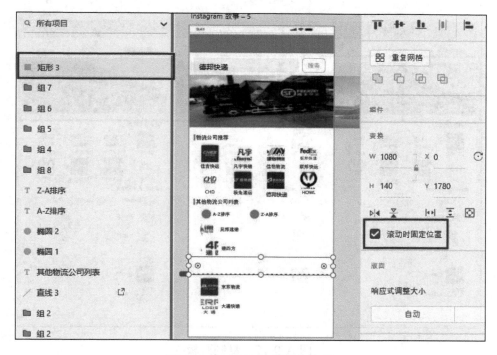

图 A-9-15　滚动时固定位置

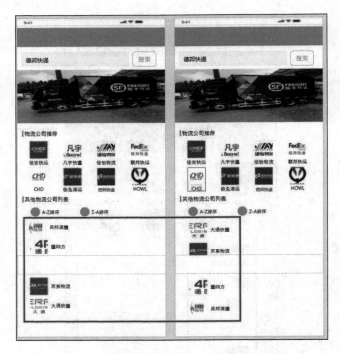

图 A-9-16　修改列表顺序

4. 最后修改

在"Z-A 排序"界面中复制三个画板，更换轮播图，如图 A-9-17 所示。

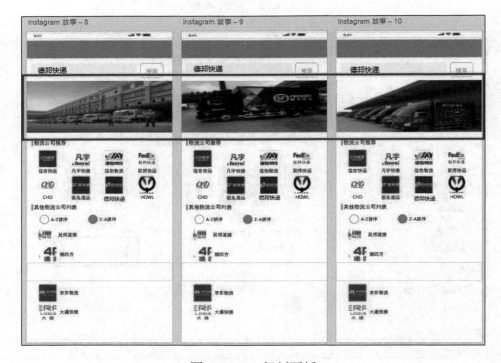

图 A-9-17　复制画板

在"A-Z 排序"界面中复制三个画板，更换轮播图，如图 A-9-18 所示。

图 A-9-18　复制画板

单击"原型"选项卡，进入原型界面，将轮播图对应的两个不同画板相互连接，如图 A-9-19 所示。

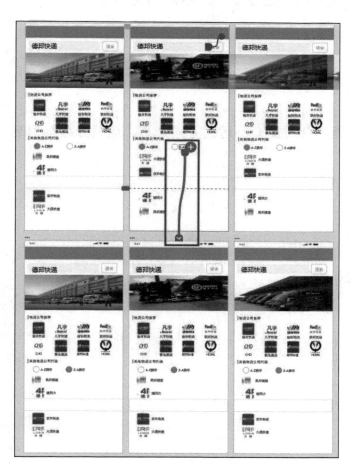

图 A-9-19　连接画板

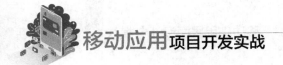

扩展优化

在右侧属性栏中，点击"重复网格"按钮时，注意行与行的间距，根据界面整体美观进行调整，复制相应的个数，在调整完之后，点击右侧属性栏中的"取消网格编组"按钮。

进阶提升

在物流公司列表全部完成后，选中完成的画板，复制出另外一个，在第二个画板中，将排序按钮的填充变换位置，随后将排列的物流公司列表按照排序方式进行改变。

任务 10 设计物流公司详情页

任务描述

物流公司详情页展示公司简介、运输方式介绍、运费介绍等信息。

使用工具

Adobe XD 软件。

关键技术描述

1. 导入图片
2. 制作小标题
3. 输入文字内容

制作步骤

1. 导入图片

点击左上方"文件",选择"导入"功能,选择所需图片(选择图片 10-11),点击"导入"按钮,如图 A-10-1 所示。

图 A-10-1　导入图片

将图片导入至画板,调整大小和位置(W:1080,H:475,X:0,Y:216),如图 A-10-2 所示。

图 A-10-2　调整图片大小和位置

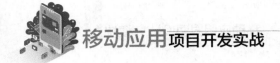

2. 制作小标题

使用左侧工具栏面板中的"文本"工具和"直线"工具，利用"直线"工具绘制出一条垂直短线（W:0，H:46，X:62，Y:730），颜色为#49B0FE，大小为10。如图 A-10-3 所示。

图 A-10-3　绘制短线

点击"文本"工具，在绘制的短线后面输入标题内容，位置为 X:79，Y:723，大小为40，粗细为 Regular，如图 A-10-4 所示。

图 A-10-4　输入文字

3. 输入文字内容

在"文字素材"中找到所需要的文字段落（选择文字段落 12-1），复制文字段落，粘贴至画板，如图 A-10-5 所示。

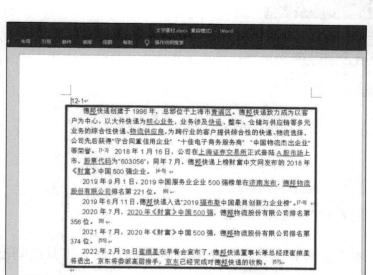

图 A-10-5　粘贴文本

在右侧属性栏面板中调整文字属性（大小：40，粗细：Regular，颜色：黑色），如图 A-10-6 所示。

图 A-10-6　调整文字属性

调整文本框大小和位置（W:966，H:491，X:62，Y:792），单击任意区域，取消文本框蓝色框架，如图 A-10-7 所示。

图 A-10-7　拖移文本框

使用左侧工具栏面板中的"文本"工具和"直线"工具，利用"直线"工具绘制出一条垂直短线（W:0，H:46，X:62，Y:1310），颜色为#49B0FE，大小为 10，如图 A-10-8 所示。

图 A-10-8　绘制垂直短线

点击"文本"工具，在绘制的短线后面输入标题内容，位置为 X:79，Y:1303，大小为

40，粗细为 Regular，如图 A-10-9 所示。

图 A-10-9　输入文字

在"文字素材"中复制所需要的文字段落（选择文字段落 12-2），粘贴至画板，如图 A-10-10 所示。

在右侧属性栏面板中调整文字属性（大小：40，粗细：Regular，颜色：黑色），如图 A-10-11 所示。

图 A-10-10　粘贴文本

图 A-10-11　调整文字属性

调整文本框大小和位置（W:413，H:78，X:62，Y:1376），单击任意区域，取消文本框蓝色框架，如图 A-10-12 所示。

使用左侧工具栏面板中的"文本"工具和"直线"工具，利用"直线"工具绘制出一条垂直短线（W:0，H:46，X:57，Y:1488），颜色为#49B0FE，大小为 10，如图 A-10-13 所示。

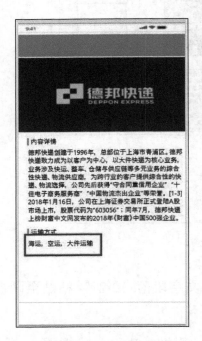
图 A-10-12　拖移文本框

图 A-10-13　绘制垂直短线

点击"文本"工具，在绘制的短线后面输入标题内容，位置为 X:74，Y:1481，大小为 40，粗细为 Regular，如图 A-10-14 所示。

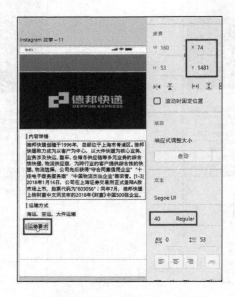
图 A-10-14　输入文字

在"文字素材"中复制所需要的文字段落（选择文字段落 12-3），粘贴至画板，如图 A-10-15 所示。

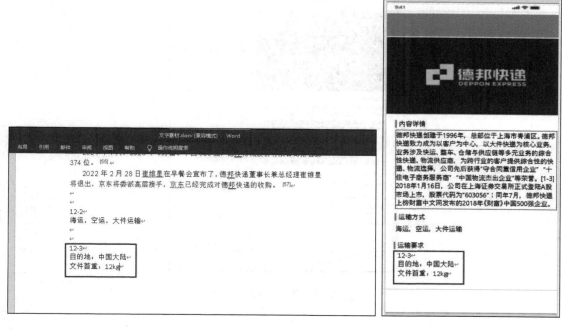

图 A-10-15　粘贴文本

在右侧属性栏面板中调整文字属性（大小：40，粗细：Regular，颜色：黑色），如图 A-10-16 所示。

图 A-10-16　调整文字属性

调整文本框大小和位置（W:361，H:127，X:62，Y:1561），单击任意区域，取消文本框蓝色框架，如图 A-10-17 所示。

图 A-10-17　拖移文本框

扩展优化

制作小标题时，可以对垂直竖线或输入的文字进行颜色、大小、字体上的更改，但最后修改完成的格式一定要与整个界面的布局颜色进行统一，如图 A-10-18 所示。

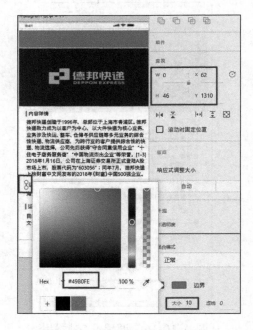

图 A-10-18　界面布局颜色

进阶提升

选中标题栏，点击"文本"工具，在标题栏上输入标题，如图 A-10-19 所示。选中文本框，在属性面板中调整文字属性（颜色：#FFFFFF，大小：70，粗细：Regular），居中显示（X:400，Y:97），如图 A-10-20 所示。

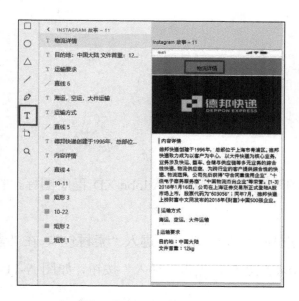

图 A-10-19　输入标题

图 A-10-20　调整文字属性

任务 **11** 设计找工作界面

任务描述

点击底部导航栏，进入找工作界面，界面具备宣传幻灯片、职位搜索框、热门职业、职位列表显示功能。其中职位列表包括职位名称、岗位职责、公司地址、薪资待遇。

使用工具

Adobe XD 软件。

关键技术描述

1. 导入图片
2. 绘制职位搜索框
3. 输入热门职业
4. 绘制职位列表
5. 绘制列表内详细信息

制作步骤

1. 导入图片

点击 Windows "开始" 按钮,在主菜单的所有程序中,点击 Adobe XD 程序图标,打开 Adobe XD 主界面。

在打开的主界面上,点击左上方 "文件",选择 "导入" 功能,进入 "素材包",在 "素材包" 中选择所需要的图片(选择图片 10-3、10-4、10-5),点击 "导入" 按钮,如图 A-11-1 所示。

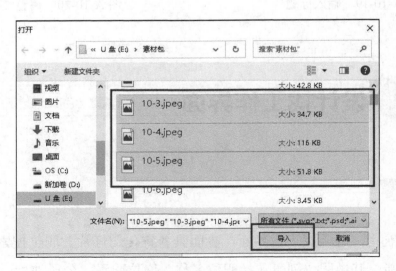

图 A-11-1 导入图片

将图片导入至画板,合并为组,如图 A-11-2 所示。

调整图片大小和位置（X:0，Y:216），如图 A-11-3 所示。

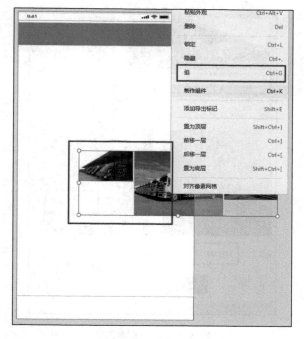

图 A-11-2　合并为组　　　　　　　　图 A-11-3　调整图片大小和位置

修改图片组件的大小和位置分别为 W:3240，H:400，X:0，Y:216，如图 A-11-4 所示。

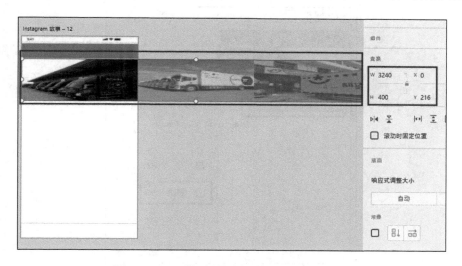

图 A-11-4　修改图片组件的大小和位置

2. 绘制职位搜索框

在轮播图下方绘制搜索输入框，在左侧的工具栏中点击"矩形"工具，在轮播图下方绘制一个矩形（W:782，H:111，X:45，Y:647），如图 A-11-5 所示。

选中矩形，填充颜色为#EEF8FF，如图 A-11-6 所示。

图 A-11-5　绘制矩形

图 A-11-6　填充颜色

选中矩形，关闭"边界"勾选框，如图 A-11-7 所示。

图 A-11-7　关闭"边界"勾选框

　　左侧工具栏中选择"文本"工具，在绘制完成的矩形上点击，输入"请输入内容"等相关类型的提示文字，如图 A-11-8 所示。

　　输入完成后，单击文本框，设置文字大小为 45，粗细为 Regular，如图 A-11-9 所示。

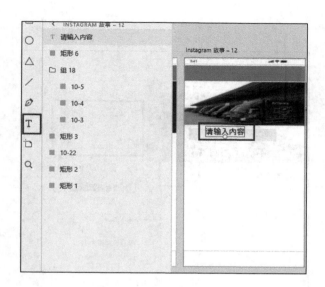

图 A-11-8　添加提示语

图 A-11-9　修改文字属性

选中文字，填充颜色为#B1B1B1，边界颜色相同，如图 A-11-10 所示。

将修改后的文本框放置在矩形框内（X:116，Y:676），如图 A-11-11 所示。

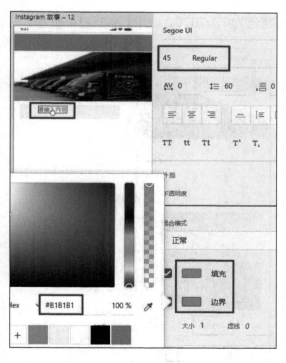

图 A-11-10　修改文字颜色

图 A-11-11　更改位置

　　按住 Shift 键点击绘制完成的文字和矩形，单击鼠标右键选择"组"，将文字和矩形合并为组，如图 A-11-12 所示。

　　点击左侧工具栏中的"矩形"工具，在搜索输入框的右侧（W:185，H:111，X:854，

Y:647）绘制一个矩形，如图 A-11-13 所示。

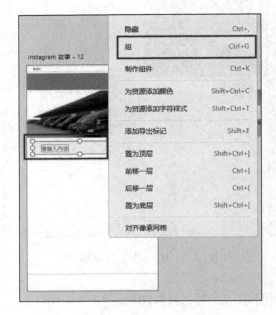

图 A-11-12　合并为组　　　　　　　图 A-11-13　绘制矩形

选中矩形，颜色填充为#FFFFFF，边界颜色填充为#707070，如图 A-11-14 所示。

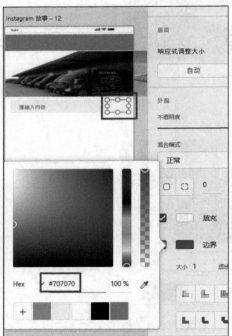

图 A-11-14　填充颜色

在右侧属性面板中找到"外观"，修改矩形的圆角弧度为 20，如图 A-11-15 所示。

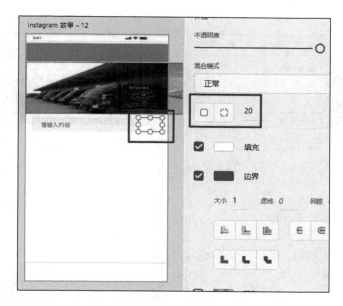

图 A-11-15　修改圆角弧度

利用"文本"工具在矩形内输入"搜索"（X:902，Y:673），修改文字属性（大小：45，粗细：Regular，边界颜色：#000000，填充颜色：#000000），如图 A-11-16 所示。

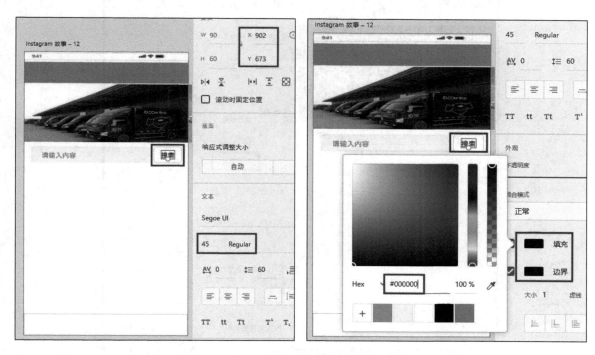

图 A-11-16　输入文字并修改文字属性

单击输入框组件，选中后点击属性面板中的"组件"效果，点击"组件"后的"+"，出现"默认状态"，如图 A-11-17 所示。

点击"默认状态"中的"+"，选择"悬停状态"，如图 A-11-18 所示。

图 A-11-17　默认状态

图 A-11-18　悬停状态

再次点击"默认状态"中的"+"选择"切换状态",如图 A-11-19 所示。

图 A-11-19　切换状态

选中"悬停状态"后,双击输入框,外圈绿色点状线变成绿色直线,如图 A-11-20 所示。

将文本框删除,就可以在矩形中增加内容,单击"直线"工具,在矩形内绘制一条直线（W:0，H:41，X:123，Y:681），如图 A-11-21 所示。

图 A-11-20　双击输入框

图 A-11-21　绘制直线

点击直线，修改颜色为#000000，大小为 8，如图 A-11-22 所示。

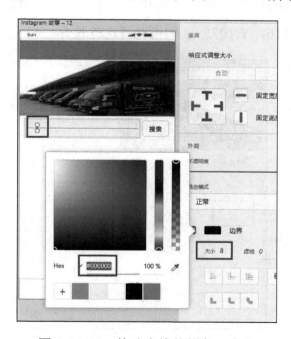

图 A-11-22　修改直线的颜色、大小

选中"切换状态"后，双击输入框，外圈绿色点状线变成绿色直线，如图 A-11-23 所示。

单击矩形内的文本框，输入工作岗位名称，点击文本框修改文字属性（颜色：#000000，大小：45，粗细：Regular），如图 A-11-24 所示。

图 A-11-23　双击输入框　　　　　　图 A-11-24　输入文字并修改文字属性

3. 输入热门职业

在左侧工具栏面板中选择"矩形"工具和"文本"工具，利用"矩形"工具绘制一个矩形（W:206，H:83，X:116，Y:1075），如图 A-11-25 所示。

图 A-11-25　绘制矩形

再点击"文本"工具，在矩形中输入热门职业的名称（X:129，Y:1087），如图 A-11-26 所示。

图 A-11-26　输入热门职业名称

选中矩形和文字，合并为组，如图 A-11-27 所示。

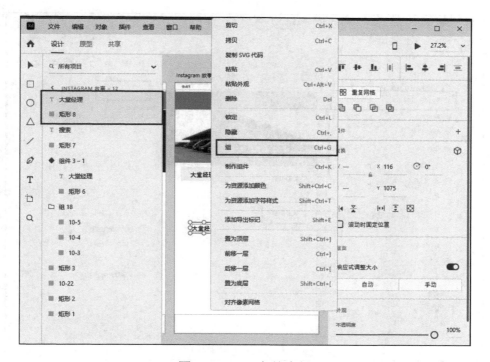

图 A-11-27　合并为组

将组件移动到合适位置（W:206，H:83，X:116，Y:915），如图 A-11-28 所示。

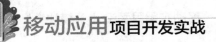

图 A-11-28　拖移位置

选中组件，点击右侧属性栏面板中的"重复网格"按钮，上下进行拖动，如图 A-11-29 所示。保留自己所需要的数量后，点击"取消网格编组"按钮。

图 A-11-29　点击"重复网格"按钮

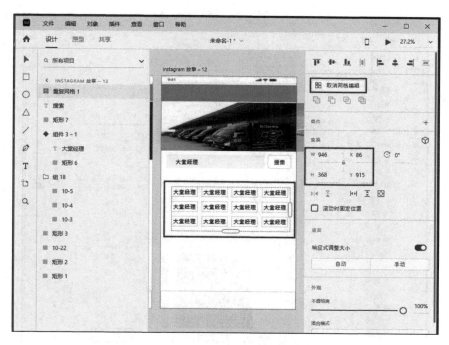

图 A-11-29　点击"重复网格"按钮（续）

双击选中其他矩形，将矩形内的文字逐一进行修改，如图 A-11-30 所示。

图 A-11-30　修改信息

4. 绘制职位列表

使用左侧工具栏中的"矩形"工具，在页面中绘制一个较长的矩形（W:986，H:307，X:53，Y:1405）。选中矩形，调整大小及颜色（大小：1，颜色：#707070），如图 A-11-31 所示。

移动应用项目开发实战

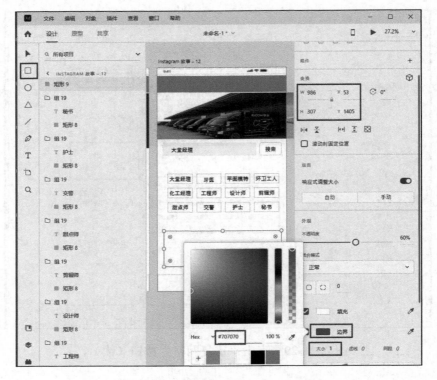

图 A-11-31　绘制矩形并调整大小和颜色

使用左侧工具栏中的"文本"工具，在绘制的矩形中，输入职位列表的相关信息（大小：48，粗细：Regular，颜色：#000000），如图 A-11-32 所示。

图 A-11-32　输入职位列表的相关信息

5. 绘制列表内详细信息

点击左侧工具栏中的"文本"工具。在职位列表矩形中输入职位名称（X:80，Y:1428），颜色为#000000，如图 A-11-33 所示。

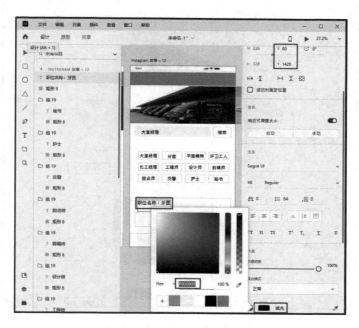

图 A-11-33　输入职位名称

点击左侧工具栏中的"文本"工具。在职位列表矩形中输入岗位职责（X:80，Y:1428），颜色为#000000，如图 A-11-34 所示。

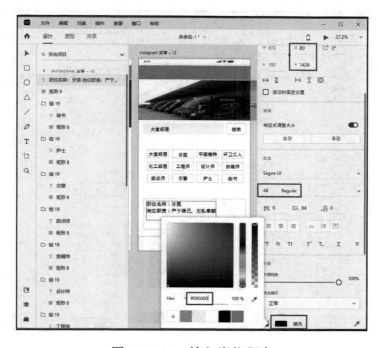

图 A-11-34　输入岗位职责

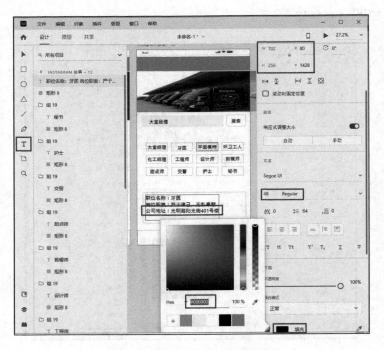 移动应用项目开发实战

点击左侧工具栏中的"文本"工具，在职位列表中输入公司地址（X:80，Y:1428），颜色为#000000，如图 A-11-35 所示。

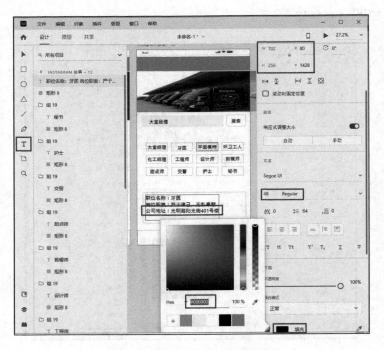

图 A-11-35　输入公司地址

点击左侧工具栏中的"文本"工具，在职位列表中输入薪资待遇（X:80，Y:1428），颜色为#000000，如图 A-11-36 所示。

图 A-11-36　输入薪资待遇

扩展优化

　　利用"直线"工具在搜索框下方绘制一个小竖线（W:0，H:45，X:44，Y:817），如图 A-11-37 所示。

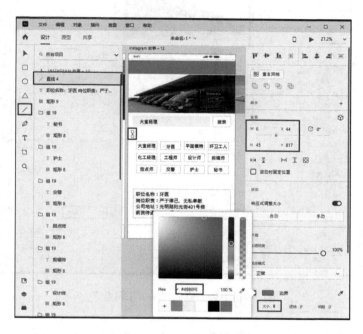

图 A-11-37　绘制小竖线

　　选中小竖线，将颜色修改为#49B0FE，大小改为 8，如图 A-11-38 所示。

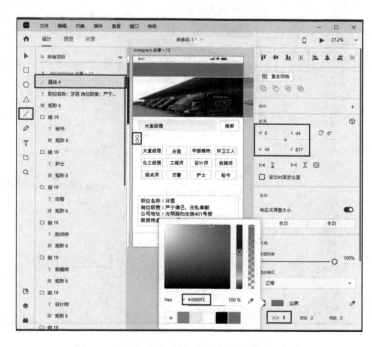

图 A-11-38　修改小竖线的颜色和大小

点击"文本"工具，在竖线后输入"热门职业"（X:52，Y:809），如图 A-11-39 所示。

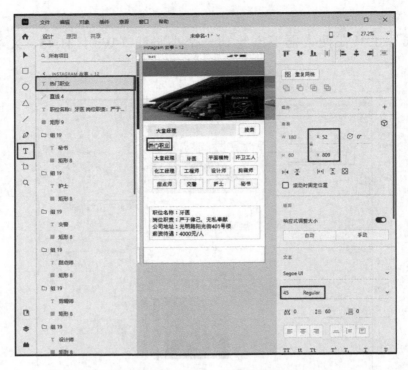

图 A-11-39　输入"热门职业"

点击文本框，设置大小为 45，粗细为 Regular，如图 A-11-40 所示。

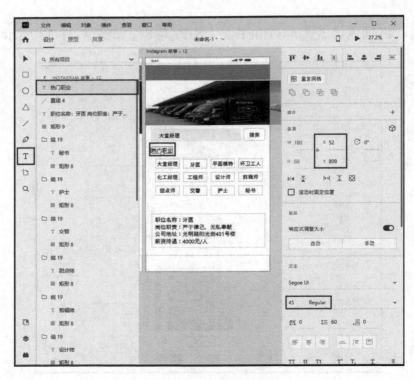

图 A-11-40　调文字属性

进阶提升

为对象编组，可以将若干个对象编入一个组中，把这些对象作为一个单元进行处理。这样，就可以同时移动或变换一组对象，且不会影响其属性或相对位置。如图 A-11-41 所示，使用钢笔工具和椭圆工具绘制图形，填充颜色为#B565FB。

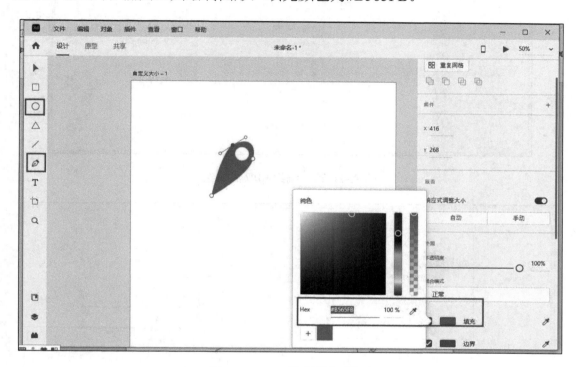

图 A-11-41　绘制徽标图形

选择要编组的对象，或要取消编组的对象操作是，选择要分组或取消编组的对象，右键单击，并选择"编组"或"取消编组"。

如图 A-11-42 所示，可以将徽标设计中的对象编成一组，以便将其作为一个单元进行移动和缩放。也可以取消编组，重新获取对单个组成部分的编辑控制权。还可以在组级别编辑组内所有对象的填充和笔触属性。还可以嵌套组。可以将组编入其他对象或组中，进而组成更大的组。选择组中的对象（或跨多个组），如图 A-11-43 所示。通常情况下，只需单击一个对象即可将它选中。如果对象属于一个组，单击该对象时会选中整个组。如需选择组中的对象，可以双击该对象或使用 Ctrl + G 键。要在多个组中选择对象，可以使用 Ctrl + Shift + G 键，以将对象添加到所选内容中，而不影响它们所属的组。

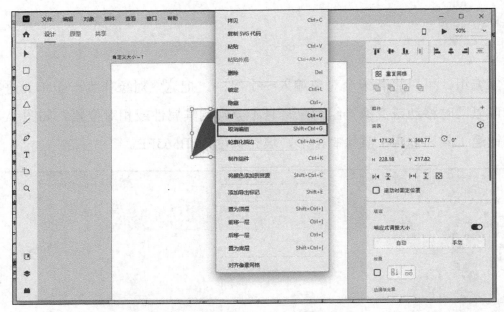

图 A-11-42　编组和取消编组

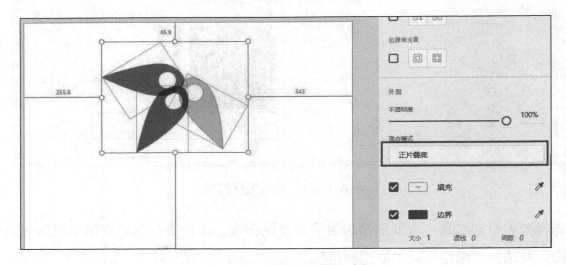

图 A-11-43　复制和修改编组

任务 12　实现热门职位搜索

任务描述

将鼠标放在热门职位搜索框中，点击出现搜索结果，点击搜索结果，能够跳转至对应的热门职位详情界面。

使用工具

Adobe XD 软件。

关键技术描述

1．使用组件
2．修改组件中的对应状态
3．实现搜索功能

制作步骤

1．使用组件

在打开的主界面上，单击输入框组件，选中后点击属性面板中的"组件"效果，点击
"组件"后的"+"，出现"默认状态"，如图 A-12-1 所示。

图 A-12-1　默认状态

点击"默认状态"中的"+"，选择"悬停状态"，如图 A-12-2 所示。

再次点击"默认状态"中的"+"，选择"切换状态"，如图 A-12-3 所示。

图 A-12-2　悬停状态

图 A-12-3　切换状态

2. 修改组件中的对应状态

选中"悬停状态"后，双击输入框，外圈绿色点状线变成绿色直线，如图 A-12-4 所示。

图 A-12-4　双击输入框

将文本框删除，就可以在矩形中增加内容，单击"直线"工具，在矩形内绘制一条直线（W:0，H:41，X:123，Y:681），如图 A-12-5 所示。

图 A-12-5　绘制直线

点击直线，修改颜色为#000000，大小为 8，如图 A-12-6 所示。

选中"切换状态"后，双击输入框，外圈绿色点状线变成绿色直线。

图 A-12-6　修改直线的颜色和大小

　　单击矩形内的文本框，输入某职位名称，点击文本框修改文字属性（颜色：#000000，大小：45，粗细：Regular），如图 A-12-7 所示。

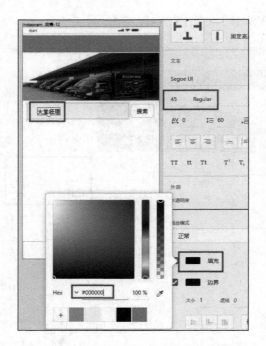

图 A-12-7　输入文字并修改文字属性

3. 实现搜索功能

　　选中"搜索"按钮，进入软件"原型"模式，点击按钮，将按钮连接至所需连接的界面，并在右侧属性栏中进行设置，触发：点击；类型：自动制作动画；缓动：对齐；持续时间：0.3 秒，如图 A-12-8 所示。

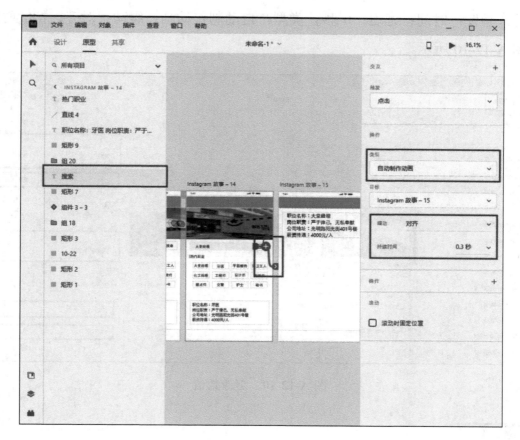

图 A-12-8　连接画板

扩展优化

根据轮播图的张数复制画板，确保每个画板中的轮播图各不相同，如图 A-12-9 所示。

图 A-12-9　复制画板

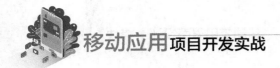

进入软件"原型"界面，双击选中画板，将三个画板相互连接起来，在右侧属性栏中进行设置，触发：时间；延迟：0 秒；类型：自动制作动画；缓动：对齐；持续时间：0.3 秒，如图 A-12-10 所示。

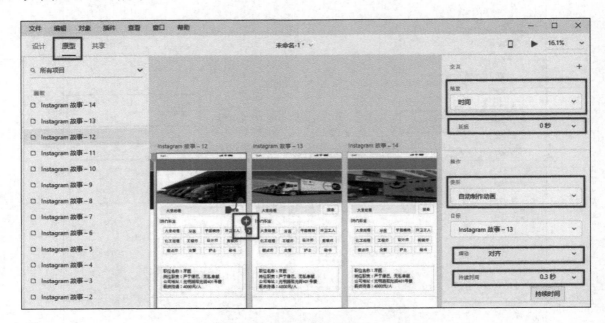

图 A-12-10　更改数值

进阶提升

在修改搜索框中内容的时候，一定要注意将搜索框的矩形和搜索框里的文字结合成组，才能够点击右侧属性栏中的组件，从而实现各种状态。

任务 13　设计宠物医院界面

任务描述

点击底部导航栏，进入宠物医院界面，界面包括宠物分类、医生推荐、问诊案例列表。

使用工具

Adobe XD 软件。

关键技术描述

1. 绘制小标题
2. 绘制宠物种类按钮
3. 绘制医生推荐内容
4. 绘制问诊案例列表

制作步骤

1. 绘制小标题

在打开的主界面上，利用"直线"工具在标题栏下方绘制一条小竖线（W:0，H:50，X:51，Y:258）。

选中小竖线，颜色值修改为#49B0FE，大小改为 7，如图 A-13-1 所示。

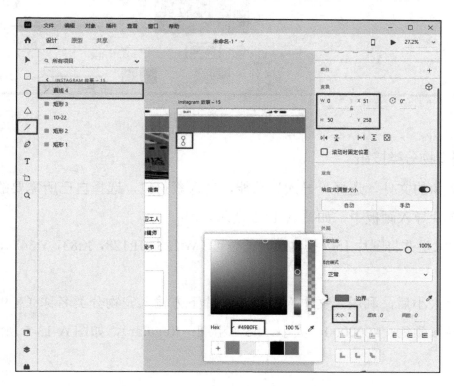

图 A-13-1　修改小竖线的颜色和大小

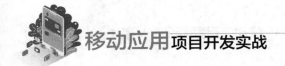

移动应用**项目开发实战**

点击"文本"工具，在竖线后输入"宠物分类"（X:63，Y:254）。

点击文本框，设置文字颜色为#47A3FF，大小为 40，字体为 Regular，如图 A-13-2 所示。

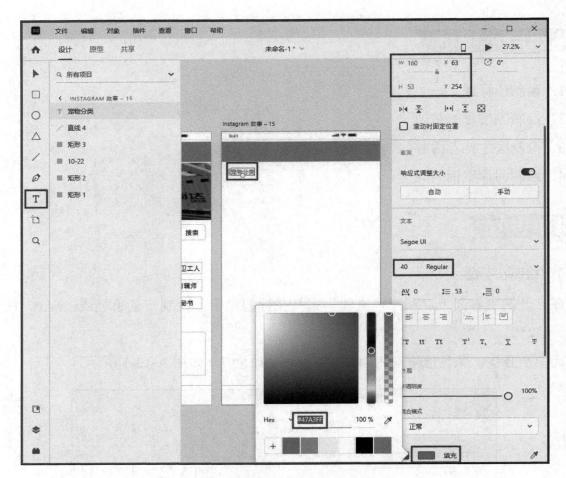

图 A-13-2　调整文字属性

2. 绘制宠物分类按钮

点击左上角的文件，选择"导入"功能，进入素材包，选择自己所需要的图片，点击 "导入"，将图片导入画板中，如图 A-13-3 所示。

调整图片大小并将图片 15-7 拖动至合适位置（W:128，H:128，X:83，Y:347），如图 A-13-4 所示。

更改图片大小后，利用"文本"工具在图片下方输入宠物分类名称（X:98，Y:463）， 设置文字属性（颜色：#000000，大小：45，粗细：Regular），如图 A-13-5 所示。

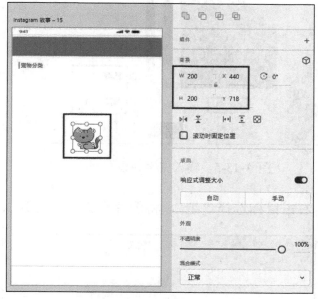

图 A-13-3　导入图片

图 A-13-4　调整图片大小和位置

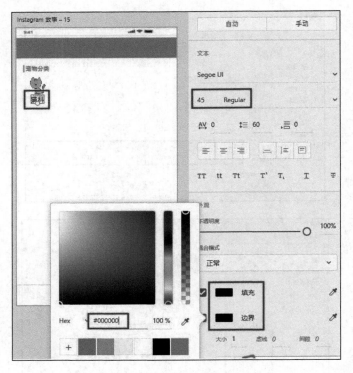

图 A-13-5　输入文字并设置文字属性

选中图片和文字，右击鼠标选择"组"，将图片和文字合并为组，如图 A-13-6 所示。

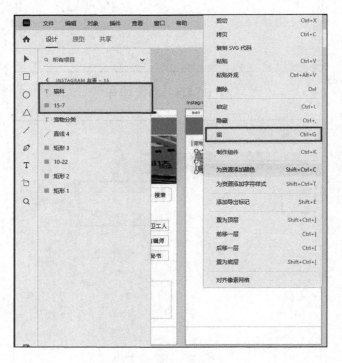

图 A-13-6　合并为组

点击组件，利用"重复网格"功能，复制自己所需要的个数后，点击"取消网格编组"

按钮，如图 A-13-7 所示。

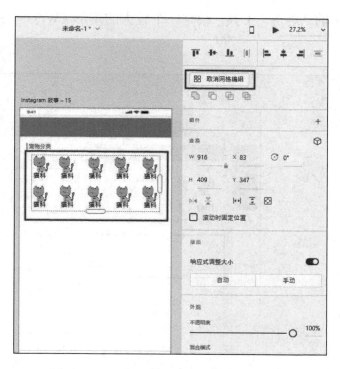

图 A-13-7 点击"取消网格编组"按钮

修改利用"重复网格"所得出的组件，对组件中的图片和宠物分类的名字进行修改，如图 A-13-8 所示。

图 A-13-8 修改组件内容

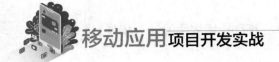移动应用项目开发实战

3. 绘制医生推荐内容

点击左侧工具栏中的"矩形"工具，绘制一个较大的矩形（W:939，H:238，X:52，Y:881），如图 A-13-9 所示。

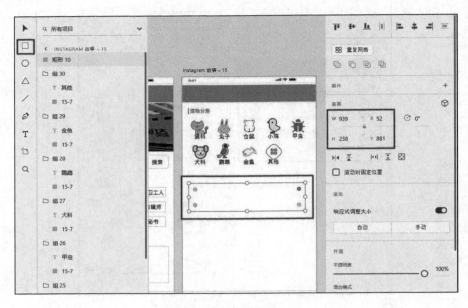

图 A-13-9　绘制矩形

点击"文本"工具，在矩形中输入医生的名字和案例描述，调整文字属性（大小：45，粗细：Regular），如图 A-13-10 所示。

图 A-13-10　输入文字并调整文字属性

在矩形中导入医生的图片（图片 15-10），调整大小和位置（W:253，H:253，X:52，Y:883），如图 A-13-11 所示。

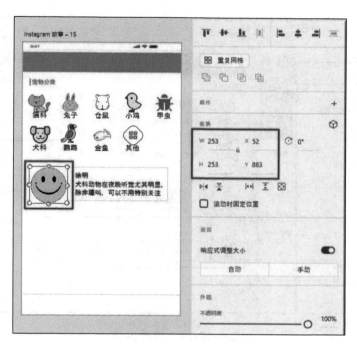

图 A-13-11　调整图片

选中图片、文字和矩形框右击鼠标选择"组"，将其合并为组，如图 A-13-12 所示。

图 A-13-12　合并为组

选中组件，复制粘贴并调整大小和位置（W:939，H:238，X:52，Y:1141），修改内容，如图 A-13-13 所示。

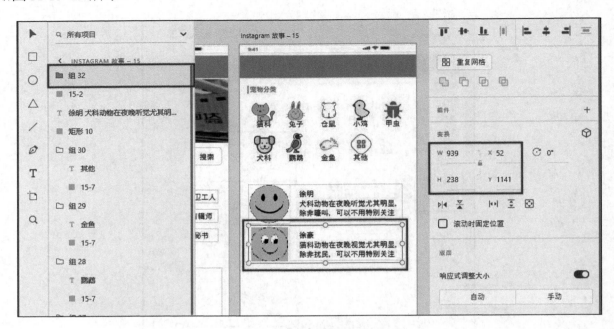

图 A-13-13　修改内容

4. 绘制问诊案例列表

点击左侧工具栏中的"矩形"工具，绘制一个较大的矩形（W:939，H:238，X:51，Y:1499），如图 A-13-14 所示。

图 A-13-14　绘制矩形

点击"文本"工具，在矩形中输入医生的名字和案例描述，调整文字属性（颜色：

#000000，大小：45，粗细：Regular)，如图 A-13-15 所示。

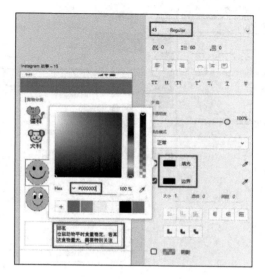

图 A-13-15　调整文字属性

在矩形中导入医生的图片，调整大小（W:238，H:238，X:49，Y:1499），如图 A-13-16 所示。

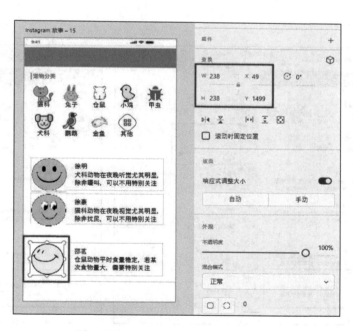

图 A-13-16　导入图片并调整大小

选中图片、文字和矩形框，合并为组，如图 A-13-17 所示。

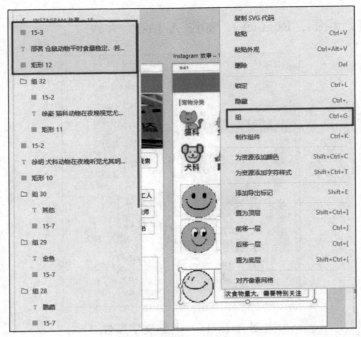

图 A-13-17　合并为组

选中组件，复制粘贴并调整大小和位置（W:939，H:238，X:51，Y:1759），修改内容，如图 A-13-18 所示。

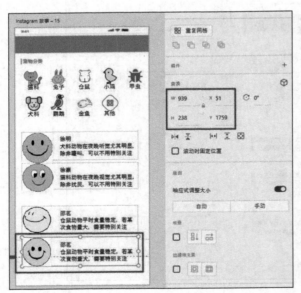

图 A-13-18　修改内容

扩展优化

使用左侧工具栏中的"文本"工具和"直线"工具，利用"直线"工具绘制出一条垂直短线（W:0，H:50，X:51，Y:790），颜色为#49B0FE，大小为 10，如图 A-13-19 所示。

图 A-13-19　绘制垂直短线

点击"文本"工具，在绘制的短线后面输入标题内容（X:63，Y:786），颜色为#47A3FF，大小为 45，粗细为 Regular，如图 A-13-20 所示。

图 A-13-20　输入标题内容

进阶提升

选中标题栏，点击"文本"工具，在标题栏上输入本页标题，如图 A-13-21 所示。

图 A-13-21　输入标题

选中文本框，在属性面板中调整文字属性（颜色：#FFFFFF，大小：70，粗细：Regular），居中显示（X:400，Y:93），如图 A-13-22 所示。

图 A-13-22　调整文字属性

任务 **14** 设计找医生界面

任务描述

　　点击医生推荐列表，进入找医生界面，界面显示医生图片、姓名、职称、从业年龄、擅长描述及职业编号。

使用工具

　　Adobe XD 软件。

关键技术描述

　　1．绘制矩形

　　2．输入列表内容

　　3．导入医生图片

　　4．输入医生擅长描述

制作步骤

　　1．绘制矩形

　　在打开的主界面上，点击左侧工具栏中的"矩形"工具，绘制一个较大的矩形（W:976，H:240，X:52，Y:319）。

　　调整矩形框颜色为#000000，大小为 4，如图 A-14-1 所示。

　　2．输入列表内容

　　点击左侧工具栏中的"文本"工具，在绘制的矩形上输入医生姓名（W:210，H:40，X:347，Y:335），如图 A-14-2 所示。

移动应用项目开发实战

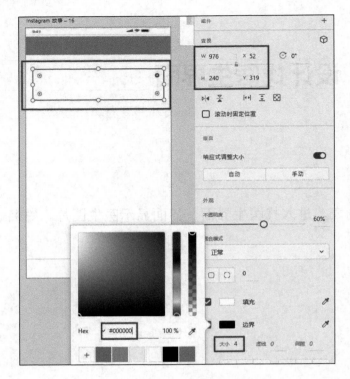

图 A-14-1　修改矩形框颜色和大小

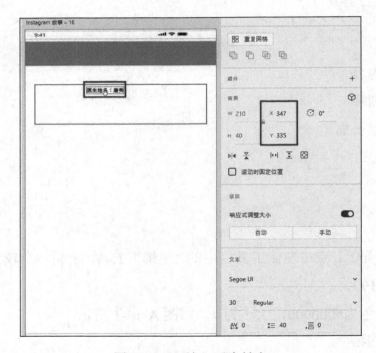

图 A-14-2　输入医生姓名

　　选中文本框，修改文字属性（颜色：#000000，粗细：Regular，大小：30），如图 A-14-3 所示。

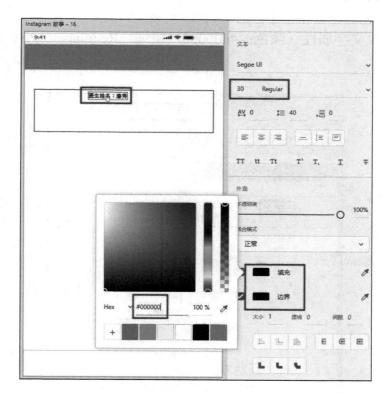

图 A-14-3　修改文字属性

点击左侧工具栏中的"文本"工具，在绘制的矩形上输入医生职称（X:347，Y:375），如图 A-14-4 所示。

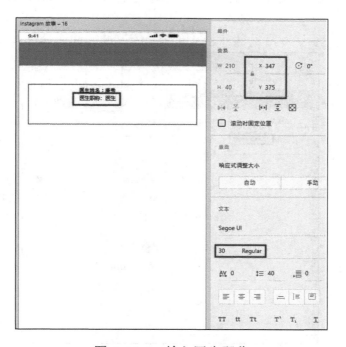

图 A-14-4　输入医生职称

选中文字，修改文字属性（颜色：#000000，粗细：Regular，大小：30），如图 A-14-5 所示。

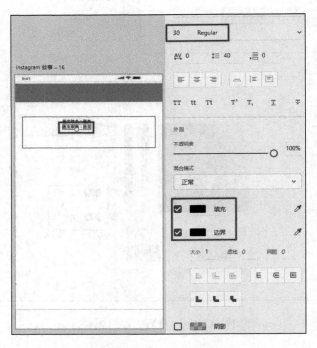

图 A-14-5　修改文字属性

点击左侧工具栏中的"文本"工具，在绘制的矩形上输入职业编号（X:347，Y:419），如图 A-14-6 所示。

图 A-14-6　输入职业编号

修改文字属性（颜色：#000000，粗细：Regular，大小：30），如图 A-14-7 所示。

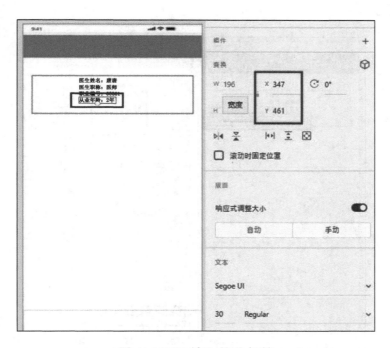

图 A-14-7　修改文字属性

点击左侧工具栏中的"文本"工具，在绘制的矩形上，输入从业年龄（X:347，Y:461），如图 A-14-8 所示。

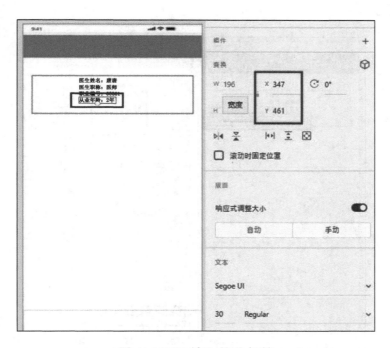

图 A-14-8　输入从业年龄

修改文字属性（颜色：#000000，填充/边界：黑色，粗细：Regular，大小：30），如图 A-14-9 所示。

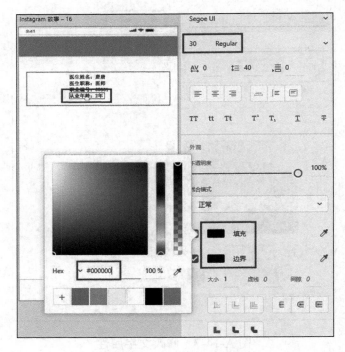

图 A-14-9　修改文字属性

点击左侧工具栏中的"文本"工具，在绘制的矩形上，输入擅长描述（X:347，Y:503），如图 A-14-10 所示。

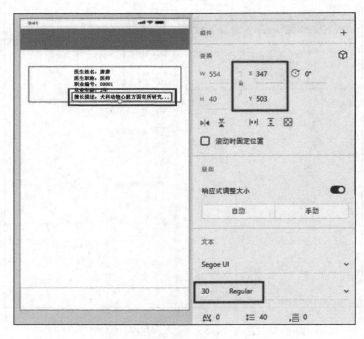

图 A-14-10　输入擅长描述

修改文字属性（颜色：#000000，填充/边界：黑色，字体：Regular，大小：30），如图 A-14-11 所示。

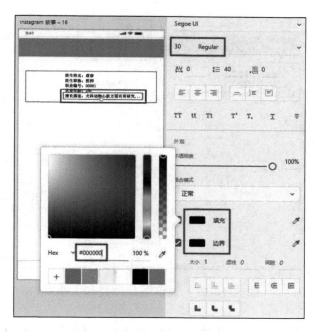

图 A-14-11　修改文字属性

3. 导入医生图片

点击页面左上角的"文件"，选择"导入"功能，单击进入"素材包"，选择所需要的图片（图片 15-2），如图 A-14-12 所示。

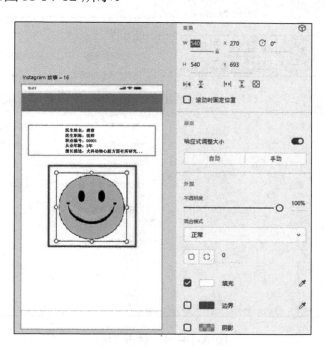

图 A-14-12　导入图片

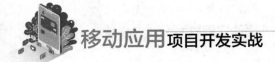

移动应用项目开发实战

导入图片至画板后，将图片移动至合适位置并调整大小（W:230，H:230，X:52，Y:324），
如图 A-14-13 所示。

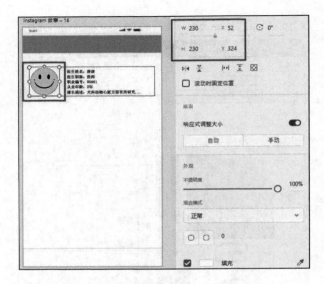

图 A-14-13　调整图片位置和大小

将矩形框和框内的所有文字、图片选中，合并为组，如图 A-14-14 所示。

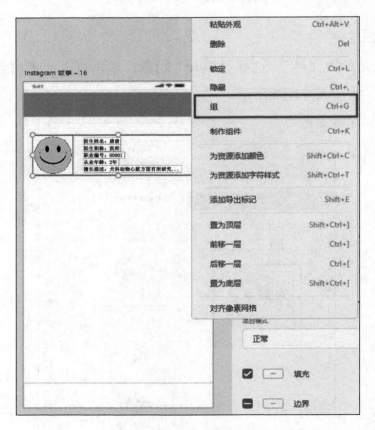

图 A-14-14　合并为组

选中组件，利用"重复网格"复制出足够的数量，点击"取消网格编组"按钮，如图 A-14-15 所示。

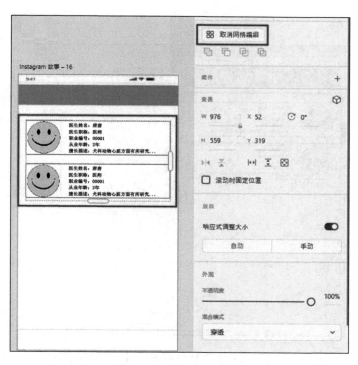

图 A-14-15 点击"取消网格编组"按钮

修改其他组件内容，如图 A-14-16 所示。

图 A-14-16 修改其他组件内容

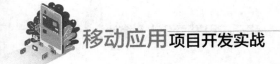

4. 输入医生擅长描述

选中矩形框组，点击属性面板中的"组件"，选择"默认状态"和"切换状态"，如图 A-14-17 所示。

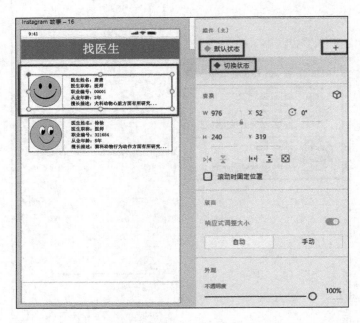

图 A-14-17 选择"默认状态"和"切换状态"

在"切换状态"中双击进行修改，利用"矩形"工具在组件下方绘制一个矩形（W:976，H:240，X:52，Y:547），如图 A-14-18 所示。

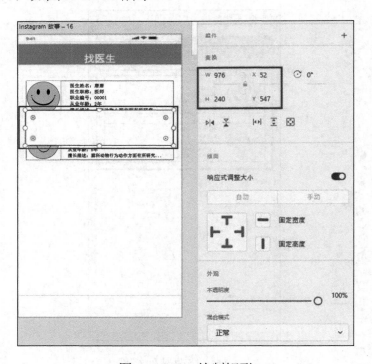

图 A-14-18 绘制矩形

点击素材库，选择文字素材内容，复制粘贴到画板，如图 A-14-19 所示。

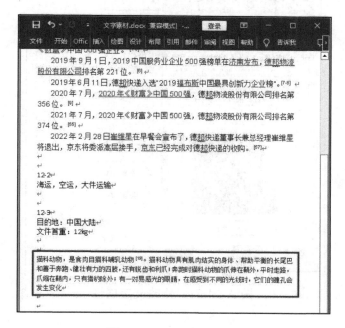

图 A-14-19　选择文字

修改文字位置（W:908，H:126，X:97，Y:568），如图 A-14-20 所示。

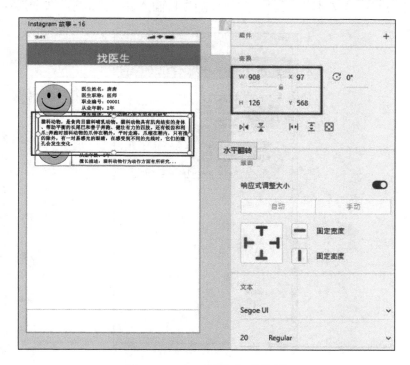

图 A-14-20　修改文字位置

修改文字属性（颜色：#000000，粗细：Regular，大小：30），如图 A-14-21 所示。

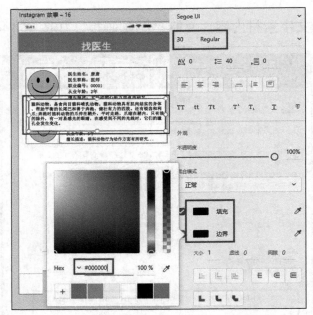

图 A-14-21　修改文字属性

扩展优化

选中工具栏，点击"文本"工具，在标题栏上输入本页标题，如图 A-14-22 所示。

图 A-14-22　输入标题

选中文本框，在属性面板中调整文字属性（颜色：#FFFFFF，大小：70，粗细：Regular），居中显示（X:435，Y:120），如图 A-14-23 所示。

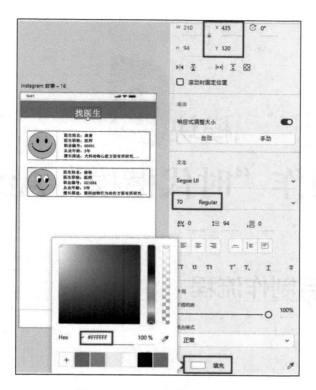

图 A-14-23　调整文字属性

进阶提升

　　在绘制完一个列表时，如果需要多个相同格式列表，不想破坏矩形间距，选中完成的矩形组件，可以利用"重复网格"功能实现等比例复制的效果，如图 A-14-24 所示。

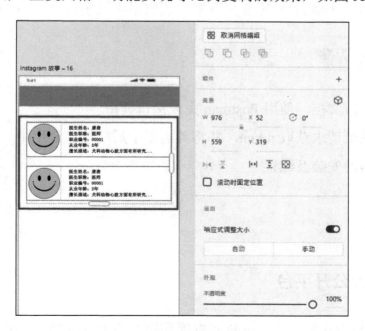

图 A-14-24　利用"重复网格"功能

模块

制作 "时代楷模" App

任务 1 开启制作流程

任务描述

在进行正式开发前，需要进行一系列的准备工作。

理解并学会阅读接口文档，了解 token 机制的数据接口请求方式，并通过 Postman 进行 token 的获取及携带 token 的数据请求。

在我们进行开发的过程中，很多功能需要在模拟器中进行确认，最终的效果也需要以真机呈现的效果为准，因此我们需要为开发配置安卓手机模拟器。

关键技术描述

1. 通过阅读接口文档，使用 Postman 完成接口调用
2. 通过调用登录请求获取 token，并将其运用于后续接口调用中
3. 手机模拟器的安装及配置

制作步骤

一、浏览线上公开平台

根据东软职业技能在线平台，可获取本项目相关的关键资料，其中包括软件安装程序、

请求接口文档等。东软职业技能在线平台地址：https://skills.neuedu.com/，如图 B-1-1 所示。

浏览 ZZ039-中职组移动应用与开发（国赛），找到模块 B 对应接口文档，并下载智慧健康 API 接口文档，如图 B-1-2 所示。

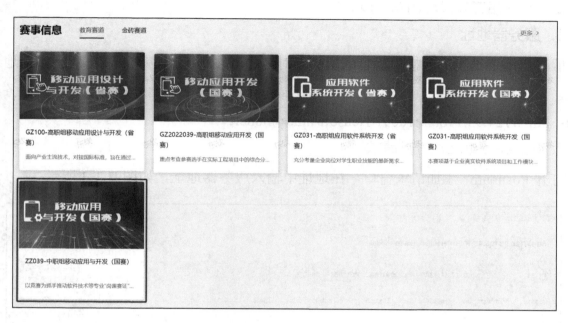

图 B-1-1　模块一览

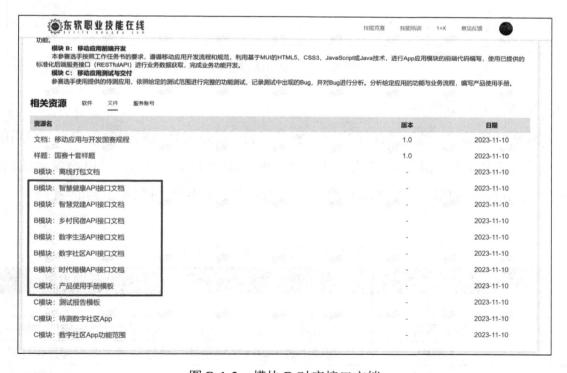

图 B-1-2　模块 B 对应接口文档

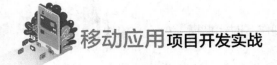

二、阅读接口文档

接口文档中包括所有接口的总体信息、各接口的详细信息等，理解并学会查阅接口文档，是移动应用开发过程的第一步。

1. 服务器地址

服务器地址是指部署接口后台的服务器对应的网络地址，也可以看作所有接口地址的前缀，该信息非常重要，可以常量的形式存储在开发工程中。此外，我们获取的服务器地址为：http://124.93.196.45:10091/Neusoft/times-model。

2. 使用 Postman 进行请求

打开 Postman，添加请求窗口，在地址中输入服务器地址，如图 B-1-3 所示。

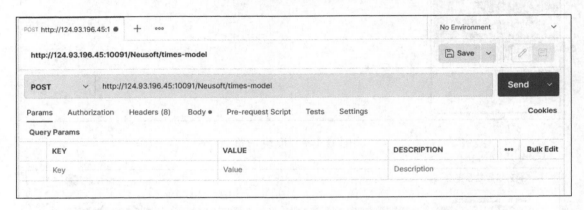

图 B-1-3　添加请求窗口

3. 参阅其他关键信息

① 系统默认用户：通过查阅用户登录资源平台，可获取登录所需的用户名、密码信息。

② 系统值和返回状态码：在进行接口调用时，如表 B-1-1 所示，可以通过系统返回的状态码判定请求是否成功，如请求失败，则可通过其初步判断问题发生的原因。

表 B-1-1　判断问题发生的原因

状态码	说明	建议
200	正常	请求成功
500	系统异常	请求失败，可优先检查请求类型、参数是否与接口文档一致
401	未授权	请求失败，可优先检查请求地址及请求头设置是否正确
403	禁止访问	请求失败，可优先检查请求头中 Authorization 的设置是否正确
404	未找到资源	请求失败，可优先检查请求地址是否正确

4. 参阅登录接口详细信息并调用

（1）参阅接口文档

接口地址：app/login

请求数据类型：application/json

请求参数如表 B-1-2 所示。

表 B-1-2　请求参数

参数名称	参数说明	请求类型	必须	数据类型	schema
password	密码	—	true	string	—
username	用户名	—	true	string	—

（2）调用接口

在 Postman 中选择请求方式为 POST，请求地址为服务器地址+接口地址，如图 B-1-4 所示。

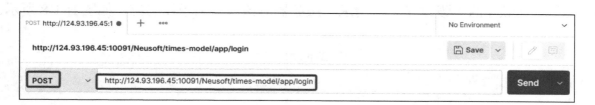

图 B-1-4　请求方式及请求地址设置

选择请求体中的 Body 选项卡，选择参数类型为 raw，选择数据类型为 JSON，如图 B-1-5 所示。

图 B-1-5　请求体的设置

在下方区域中，以 JSON 字符串的形式，编辑请求参数，如图 B-1-6 所示。

点击"Send"按钮，发送请求，查看返回值，如图 B-1-7 所示。

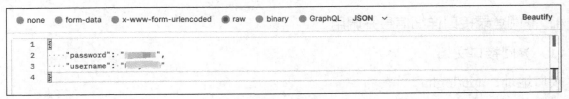

图 B-1-6　请求参数的设置

图 B-1-7　请求的返回值

（3）RESTful API 请求调用及返回的说明

上述 Postman 的操作过程进行了一次 RESTful 请求的完整流程，即从客户端（Postman）向服务端（东软平台）发送了一次请求，服务器对该次请求予以响应，如图 B-1-8 所示。

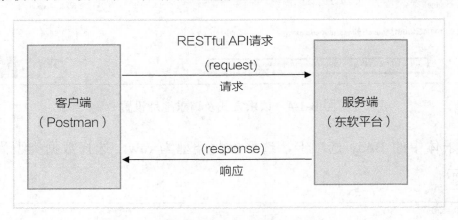

图 B-1-8　RESTful API 请求流程的说明

5. token 的意义及设置

（1）token 的意义

在接口文档的开始部分，有以下描述信息。

① 登录说明。出于安全考虑，部分接口需要先登录获取授权 token 信息才能调用接口功能。

② 安全认证。需要安全认证的接口需要在请求头设置认证信息，格式如下。

参数：Authorization

参数值：登录获取 token

（2）token 的设置

为了验证 token 在接口请求中的作用，可以尝试请求"查询已报名公益活动列表"接口，参阅接口文档，信息如下。

接口地址：GET /activity/app/list

请求参数：无

在 Postman 中，设置请求类型、请求地址，如图 B-1-9 所示。

图 B-1-9　查询已报名公益活动列表接口的设置

点击"Send"按钮后，获取返回值，获知请求失败，如图 B-1-10 所示。

图 B-1-10　查询已报名公益活动列表接口请求失败

根据返回错误代码可以初步判断，请求头中数据缺失，再阅读接口文档"登录说明"部分，可以推测，错误可能由于未设置 token。根据上述"安全认证"部分的描述，可以在请求头中新增 Authorization 字段，尝试解决该问题。

切换 Postman 选项卡至请求头部（Headers），添加 token 信息，如图 B-1-11 所示。

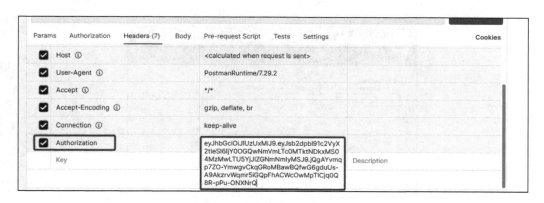

图 B-1-11　请求中 token 的设置

其中，参数值为登录获取的 token。

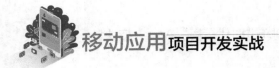

再次点击"Send"按钮，发送请求，返回值显示"查询成功"，如图 B-1-12 所示。

图 B-1-12　返回值显示"查询成功"

三、下载、安装安卓手机模拟器

安卓手机模拟器作为移动应用开发的必备工具，主要用于开发过程中的调试、预览及开发完成后的打包。

在安装模拟器（版本为 android-studio-ide-202.7486908-windows）的过程中，模拟器会自动从网络上下载资源，自动安装，如图 B-1-13 所示。

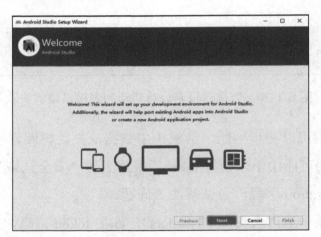

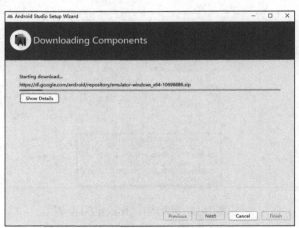

图 B-1-13　安卓手机模拟器的安装及插件下载

下载完资源包，安装成功后，打开 Android Studio，可以看到如下效果，如图 B-1-14 所示。

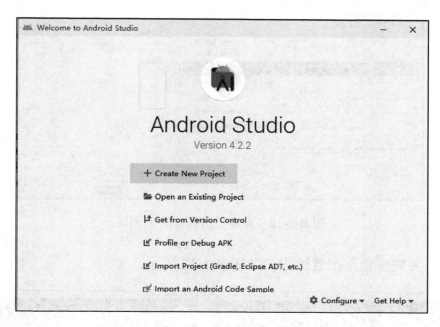

图 B-1-14　安卓手机模拟器安装成功

点击"Configure"，选择"AVD Manager"选项，点击创建模拟器设备（Create Virtual Device），如图 B-1-15 所示。

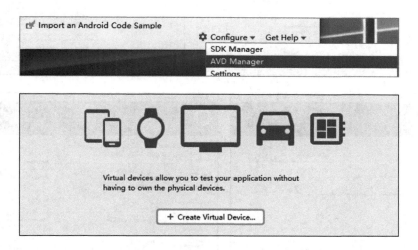

图 B-1-15　安卓手机模拟器调试的创建

选择 Phone 选项中的 Pixel，创建一个 1080 像素×1920 像素的安卓手机模拟器，如图 B-1-16 所示。

移动应用**项目开发实战**

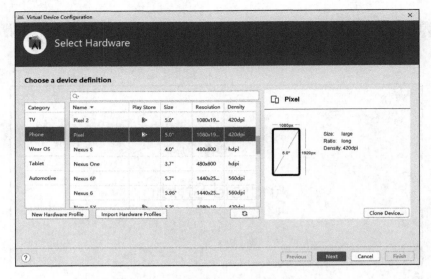

图 B-1-16　安卓手机模拟器的创建

下载插件，并完成全部配置过程，如图 B-1-17 所示。

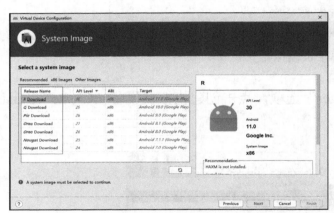 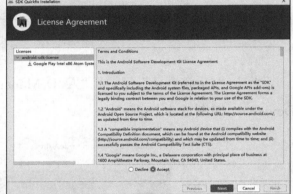

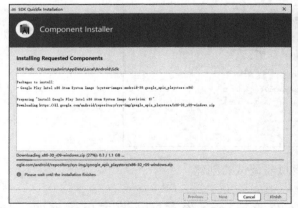 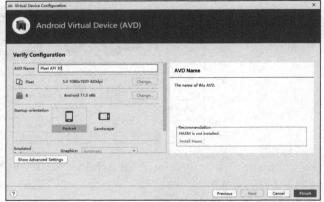

图 B-1-17　下载插件

点击"▶"运行安卓手机模拟器，如图 B-1-18 所示。

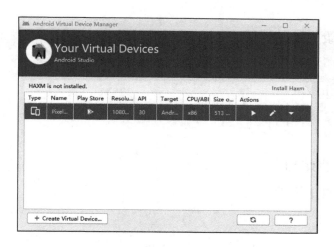

图 B-1-18　运行安卓手机模拟器

运行安卓手机模拟器后，即可在开发工具 HBuilder 中通过"运行到手机或模拟器"选项，进行手机调试，如图 B-1-19 所示。

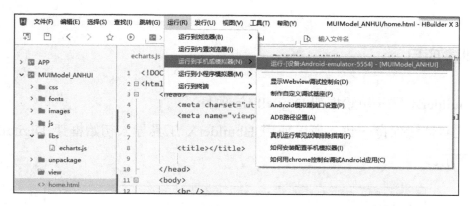

图 B-1-19　通过模拟器运行 HBuilder 中的代码

任务 2　设计登录界面

任务描述

实现时代楷模登录模块功能。

打开 App 首先进入登录界面，界面上方显示用户名和密码输入框，输入框下方显示登录按钮和用户隐私政策复选框。

点击"登录"按钮进行登录操作，如果登录成功则跳转至 App 主界面，如果登录不成

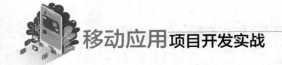

功，用消息框显示登录失败的原因。

关键技术描述

1. 创建项目
2. 认识&规划项目结构
3. 认识并使用 MUI 组件
4. 事件的绑定
5. mui.ajax()方式的接口调用
6. mui.openWindow()方式的页面跳转

制作步骤

一、创建项目

使用 HBuilderX 导入初始框架 DigitalLife 项目。

为了和比赛环境保持一致，所以使用 HbuilderX 工具导入初始框架 DigitalLife 项目，如图 B-2-1 所示。

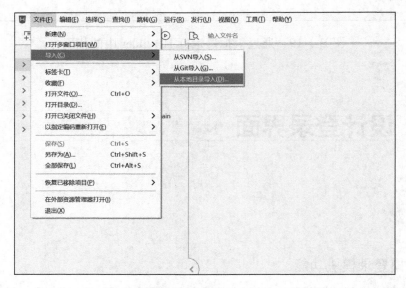

图 B-2-1　项目的导入

在项目根目录下新建 html 文件，如图 B-2-2 所示。

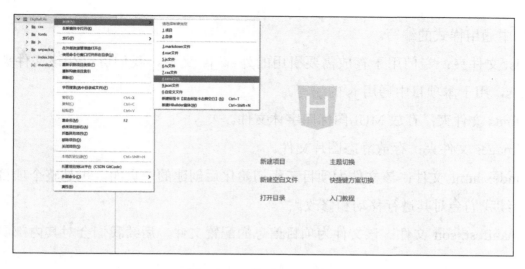

图 B-2-2　新建 html 文件

输入文件名称，选择新建 html 文件模板，如图 B-2-3 所示。

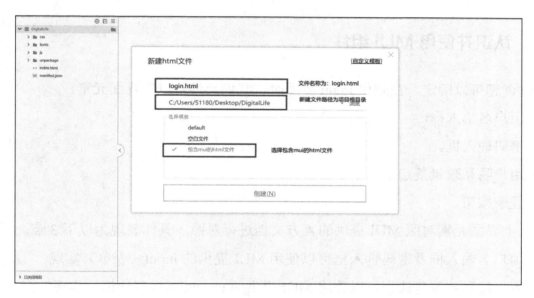

图 B-2-3　选择新建 html 文件模板

二、认识&规划项目结构

创建项目后，会得到项目的目录结构。

为了让项目层次更加清晰明了，并增加代码的可维护性，需要合理规划各类文件的存放位置，并在必要时创建新的目录结构。

认识一下项目导入之初的目录结构。

① CSS 文件夹：专门用于存放样式类文件，可以在该文件夹下创建 common.CSS，用

于本项目中通用样式的编写。

② js 文件夹：专门用于存放需要引用的外部 js 文件，我们可以在该文件夹下创建 common.js，用于本项目中通用 js 的编写。

③ fonts 文件夹：存放 MUI 图标库字体文件。

④ images 文件夹：存放静态图片文件。

⑤ index.html 文件：该文件为项目工程初始化后创建的空页面，也是整个项目的启动文件，后续我们会对其进行移动和修改。

⑥ manifest.json 文件：该文件为项目信息的配置文件，后续我们会对其内部属性进行修改。

在认识了目录结构后，我们可以根据自己的项目需要，重新规划并创建文件夹。例如，创建 pages 文件夹，用于存放各个模块的业务代码。

三、认识并使用 MUI 组件

通过读题可以确定，在制作 login 界面时，我们会涉及以下界面元素。

① 用户名输入框。

② 密码输入框。

③ 用户隐私政策复选框。

④ 登录按钮。

将以上界面元素对照 MUI 提供的官方文档进行对照，具体表现为以下 3 点。

① 用户名输入框及密码输入框可以使用 MUI 提供的 input（表单）实现。

② 用户隐私政策复选框可以使用 MUI 提供的 checkbox（复选框）实现。

③ 登录按钮可以使用 MUI 提供的 button（按钮）实现。

认识了以上各控件后，我们需要将其整合，并应用至 login.html 文件中。

在正式编写代码之前，让我们完成一些基础工作。

① 在\<head\>\</head\>标签中定义画面分辨率，引用通用 CSS 文件及图标文件。

```
<head>
    <meta name="viewport"content="width=device-width,initial-scale=1,
minimum-scale=1,maximum-scale=1,user-scalable=no" />
    <link href="./CSS/mui.min.CSS" rel="stylesheet" />
    <link href="./CSS/common.CSS" rel="stylesheet" />
    <link href="./CSS/icons-extra.CSS" rel="stylesheet" />
</head>
```

② 在<body></body>标签中引用 mui.js（MUI 封装的 JavaScript 文件）和 jquery.min.js（JQuery 封装文件）文件。

```
<body>
   <!-- 引入js文件 -->
   <script src="./js/mui.min.js"></script>
   <script src="./js/jquery.min.js"></script>
</body>
```

③ 在<body></body>标签中加入<header></header>标签，用于显示界面顶部标题栏，如图 B-2-4 所示。

```
<body>
   <!-- 加入头信息  -->
   <header class="mui-bar mui-bar-nav" style="background-color: white;">
      <h1 class="mui-title">登录</h1>
   </header>

   <!-- 引入JS文件 -->
   <script src="./js/mui.min.js"></script>
   <script src="./js/jquery.min.js"></script>
</body >
```

图 B-2-4　界面顶部标题栏

④ 在\<body>\</body>标签中加入 MUI 内容区域。

```html
<body>
    <!-- 加入头信息  -->
    <header class="mui-bar mui-bar-nav" style="background-color: white;">
        <h1 class="mui-title">登录</h1>
    </header>

    <!-- MUI内容区域 -->
    <div class="mui-content">
    </div>

    <!-- 引入JS文件 -->
    <script src="./js/mui.min.js"></script>
    <script src="./js/jquery.min.js"></script>
</body >
```

⑤ 在\<body>\</body>标签的 MUI 内容区域中加入 MUI 组件和\<img />图片。
加入用户名输入框，如图 B-2-5 所示。

```html
<body>

    <!-- 加入头信息  -->
    <header class="mui-bar mui-bar-nav" style="background-color:
white;">
        <h1 class="mui-title">登录</h1>
    </header>

    <!-- MUI内容区域 -->
    <div class="mui-content">
        <!-- 加入用户名输入框  -->
        <div class="mui-input-row" style="border-bottom: 1px solid
#ccc;">
            <label><img src="./images/username.png" style="width: 14px;
height: 14px;"></label>
            <input type="text" id="username" class="mui-input-clear"
placeholder="用户名/手机号" />
        </div>
    </div>
    <!-- 引入JS文件 -->
    <script src="./js/mui.min.js"></script>
    <script src="./js/jquery.min.js"></script>
</body >
```

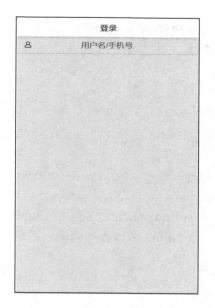

图 B-2-5　加入用户名输入框

☑ **说明：**

A．"mui-input-row"为一个输入区域，根据样例图，每个输入区域之间有一条横线，在此，可以通过设置下边框像素实现有无输入框下方横线。

B．<label></label>标签为输入框左侧区域，通过引用图片显示用户名图标。

C．<input />标签为输入框主体，添加"mui-input-clear"的 class 类（MUI 框架封装的样式类），可以使输入框具备添加删除功能。

D．<input />标签的"placeholder"属性显示在输入框默认提示文本。

E．给<input />标签添加"id"属性，为后续获取该输入框内输入的值做准备。

加入密码输入框，如图 B-2-6 所示。

```html
<body>
    <!-- 加入头信息  -->
    <header class="mui-bar mui-bar-nav" style="background-color:
white;">
        <h1 class="mui-title">登录</h1>
    </header></div>

    <!-- MUI内容区域 -->
    <div class="mui-content">
        <!-- 加入用户名输入框 -->
        <div class="mui-input-row" style="border-bottom: 1px solid
#ccc;">
            <label><img src="./images/username.png" style="width: 14px;
height: 14px;"></label>
```

```
            <input type="text" id="username" class="mui-input-clear"
placeholder="用户名/手机号" />
        </div>

        <!-- 加入密码输入框 -->
            <div class="mui-input-row" style="border-bottom: 1px solid
#ccc;">
                <label><img src="./images/password.png" style="width: 14px;
height: 14px;"></label>
                <input type="password"id="password"
class="mui-input-password" placeholder="请输入密码" />
            </div>
        </div>

        <!-- 引入js文件 -->
        <script src="./js/mui.min.js"></script>
        <script src="./js/jquery.min.js"></script>
    </body>
```

图 B-2-6 密码输入框

✔️ 说明：

<input />标签的"type"属性设置为"password"时，可使输入框变为密码输入框，输入内容时，显示***。

加入用户隐私政策复选框，如图 B-2-7 所示。

```
    <body>
        <!-- 加入头信息 -->
        <header class="mui-bar mui-bar-nav" style="background-color:
white;">
            <h1 class="mui-title">登录</h1>
        </header></div>


        <!-- MUI内容区域 -->
        <div class="mui-content">
            <!-- 加入用户名输入框 -->
                <div class="mui-input-row" style="border-bottom: 1px solid
#ccc;">
                    <label><img src="./images/username.png" style="width: 14px;
height: 14px;"></label>
                    <input type="text" id="username" class="mui-input-clear"
placeholder="用户名/手机号" />
        </div>

            <!-- 加入密码输入框 -->
            <div class="mui-input-row" style="border-bottom: 1px solid
#ccc;">
                    <label><img src="./images/password.png" style="width: 14px;
height: 14px;"></label>
                    <input type="password"id="password"
class="mui-input-password" placeholder="请输入密码" />
                </div>
        </div>



        <!-- 加入用户隐私政策复选框 -->
        <div style="display: flex;" class="small-text" >
            <input type="checkbox" id="isRead">
            <div>我已阅读并同意</div>
            <div style="color: #CF2D28;" >《用户隐私政策》</div>
        </div>
        <!-- 引入JS文件 -->
        <script src="./js/mui.min.js"></script>
        <script src="./js/jquery.min.js"></script>
    </ body >
```

☑ 说明：

A. <input />标签的"type"属性设置为"checkbox"时，可使输入框变为复选框。

B. 根据样例图"用户隐私政策"文字显示红色，可使用 span 标签给对应内容设置独立样式。

图 B-2-7　加入用户隐私政策复选框

加入登录按钮框。

```
<body>
...
    <!-- 加入用户名输入框 -->
    <div class="mui-input-row" style="border-bottom: 1px solid #ccc;">
        <label><img src="./images/username.png" style="width: 14px;
height: 14px;"></label>
        <input type="text" id="username" class="mui-input-clear"
placeholder="用户名/手机号" />
    </div>

    <!-- 加入密码输入框 -->
    <div class="mui-input-row" style="border-bottom: 1px solid #ccc;">
        <label><img src="./images/password.png" style="width: 14px;
height: 14px;"></label>
        <input type="password"id="password" class="mui-input-password"
placeholder="请输入密码" />
    </div>

    <!-- 加入用户隐私政策复选框 -->
    <div style="display: flex;" class="small-text" >
```

```
        <input type="checkbox" id="isRead">
        <div>我已阅读并同意</div>
        <div style="color: #CF2D28;" >《用户隐私政策》</div>
    </div>


    <!-- 加入登录按钮 -->
    <div class="mui-button-row">
        <button type="button" class="mui-btn-danger" style="width:
100%;">登录</button>
    </div>


    <!-- 引入js文件 -->
    <script src="./js/mui.min.js"></script>
    <script src="./js/jquery.min.js"></script>


</ body >
```

☑ **说明：**

A. <button></button>标签的 class 属性中加入 "mui-btn-danger" 可设置按钮颜色为
红色。

B. 根据样例图，按钮显示整行，故设置 style="width: 100%;"的样式属性。

至此，界面控件绘制完成，通过浏览器打开 login.html，可看到登录页，如图 B-2-8 所示。

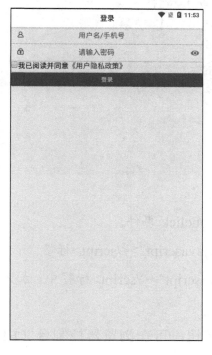

图 B-2-8　登录页

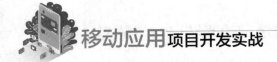

四、事件的绑定

绘制完界面后，我们需要为界面对应的控件绑定运行事件，以实现对应的功能。在题目要求中，点击"登录"按钮后需要进行登录操作。为此，我们需要为"登录"按钮绑定点击事件。

JavaScript 的点击事件绑定可以通过多种方式实现，如事件源.onclick 和 addEventListener 等，在这个例子中，通过在 html 的 dom 中直接绑定 onclick 事件的形式来实现，以最大限度节约代码量。

```
<body>
    ...
    <!-- 加入登录按钮 -->
    <div class="mui-button-row">
        <button type="button" onclick="login()" class="mui-btn
mui-btn-danger" style="width: 100%;">登录</button>
    </div>
    ...
</ body >
```

```
<body>
    ...
    <!-- 加入点击登录事件 -->
    <script type="text/javascript">
        mui.init()
        function login() {
            console.log("点击登录按钮")
        }
    </script>
    ...
</ body >
```

☑ 说明：

A. 给<button />标签加入 onclick 事件。

B. 加入<script type="text/javascript"></script>标签。

C. 在<script type="text/javascript"></script>标签中，加入定义的方法 login()触发方法后控制台输出文字。

在界面端点击"登录"按钮，可在浏览器控制台（F12）中看到输出的文字"点击登录按钮"，如图 B-2-9 所示。

图 B-2-9　在浏览器控制台中看到输入的文字"点击登录按钮"

五、mui.ajax()方式的接口调用

接口调用是程序开发中发送/获取后台数据的重要途径，其步骤包括：阅读接口文档、调用接口、回调函数 3 个关键组成。

1. 阅读接口文档

首先，需要找到本业务对应的接口，如图 B-2-10 所示。

其次，需要获取接口的关键内容。

请求地址：/app/login

请求方式：POST

请求数据类型：application/json

请求参数：username、password

响应参数：code、msg、token

☑️ 说明：

A. 在接口调用时，应当在请求地址 URL 前加入服务器地址。

B. 响应参数中的 code（状态码）定义了服务器对于客户端请求的响应状态，其中 200 表示请求成功；201 表示请求已成功处理且服务器已在其响应中创建了一个或多个新资源；401 表示请求没有访问权限，访问被拒绝；403 表示由于权限不足或权限设置不当导致服务器资源不可用；404 通常表示由于请求地址有误导致没有请求到对应的资源。

C. token 作为用户登录后获取的响应参数，可以理解为服务器给每个登录的用户所发放的身份令牌，在后续的服务器请求中，在需要的场合都应当携带该令牌以证明用户的身份。

图 B-2-10　登录模块接口

接口地址

POST　/app/login

接口描述

请求数据类型

application/json

响应数据类型

/

请求示例

```
{
  "password": "",
  "username": "",
}
```

请求参数

参数名称	参数说明	请求类型	必须	数据类型	schema
password	密码	—	true	string	—
username	用户名	—	true	string	—

2. 调用接口

MUI 封装了接口调用的方法，结合接口文档中提供的信息，可以通过下面的方法尝试向服务器发送请求。

① 在 HBuilderX 中键入 ajax，编辑器会自动关联 mui.ajax()，点击后出现如下代码。

```
<body>
...
<script type="text/javascript">
    mui.init()
    function login() {
    mui.ajax('',{
        data:{
        },
        dataType:'json',//服务器返回json格式数据
        type:'POST',//HTTP请求类型
        timeout:10000,//超时时间设置为10秒
        success:function(data){
        },
        error:function(xhr,type,errorThrown){
        }
    });
    }
```

```
        </script>
        ...
    </ body >
```

☑ **说明**：

A. mui.ajax 方法中，第一个参数为请求地址。

B. mui.ajax 方法中，第二个参数用于配置 ajax 请求参数，为 key/value 格式的 json 对象。

C. 请求参数中，type:'POST'对应了接口文档中该接口的请求方式：POST，如请求方式为 GET 或其他类型，需手动修改。

D. 请求参数中，timeout 表示如服务器在规定时间内没有予以响应，则请求中止（单位：毫秒）。

E. 请求参数中，success 所定义的方法即为请求成功后的回调函数，而 error 则表示请求失败后的回调函数。

② 修改自动关联的代码，完善请求的发送过程，其代码如下。

```
<body>
    ...
    <script type="text/javascript">
        mui.init()
        function login() {
            mui.ajax('http://124.93.196.45:10091/Neusoft/times-model/
app/login',{
                headers: {
                    'Content-Type':'application/json'
                },
                data:{
                    username: document.getElementById("username").value,
                    password: document.getElementById("password").value
                },
                dataType:'json',//服务器返回json格式数据
                type:'POST',//HTTP请求类型
                timeout:10000,//超时时间设置为10秒
                success:function(data){
                    console.log("请求成功");
                },
                error:function(xhr,type,errorThrown){
                    console.log("请求失败");
                }
            });
        }
```

```
        </script>
        ...
    </body>
```

☑ **说明：**

A. 手动增加请求 API 地址，例如：'http://124.93.196.45:10091/Neusoft/times-model/app/login'

B. 手动添加 headers 对象：由于接口文档中定义了该接口请求数据类型为'application/json'，因此我们需要在 headers 中添加对应属性，即'Content-Type': 'application/json'。

C. 在 data 中，我们需要对照接口文档中请求参数的定义，添加用户名与密码的输入值，通过 js 的 document.getElementById 方式找到对应的控件，再通过其 value 属性获取其输入的值。

D. 在 success 与 error 的回调函数中，标记输出，便于在控制台调试。

③ 调试代码，其具体方式如下。

首先，打开浏览器控制台（F12），切换至控制台选项卡，在界面的用户名及密码输入框中输入内容，并点击"登录"按钮，看到控制台输出了之前在"success"中定义的输出内容，如图 B-2-11 所示。

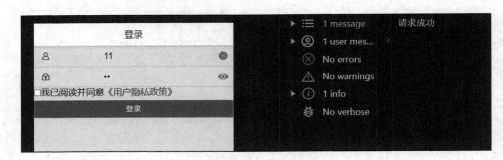

图 B-2-11　接口调用调试 1

其次，切换至网络选项卡，点击左侧请求名称，即可在右侧"Payload"选项卡中查看请求参数，在"Preview"选项卡中查看响应参数，如图 B-2-12 所示。

3. 回调函数

在 MUI 的 ajax 请求中，"success"回调函数内定义的内容为当请求成功后，再执行的内容。由于 HTTP 请求是异步执行的，因此只有在回调函数中，才能获取到响应参数。

需要注意的是，当输入错误的用户名或密码时，并不会进入"error"的回调函数，由于请求本身执行并没有发生错误，所以不会进入"error"回调函数内，因此，我们需要在"success"的回调函数中，通过返回值中的 code 或是否返回了 token 参数来判断是否登录成功。

图 B-2-12　接口调用调试 2

其修改的回调函数如下。

```html
<body>
    …
    <script type="text/javascript">
        mui.init()
        function login() {
            mui.ajax('http://124.93.196.45:10091/Neusoft/times-model/app/login',{
                headers: {
                    'Content-Type':'application/json'
                },
                data:{
                    username: document.getElementById("username").value,
                    password: document.getElementById("password").value
                },
                dataType:'json',//服务器返回json格式数据
                type:'post',//HTTP请求类型
                timeout:10000,//超时时间设置为10秒;
                success:function(data){
                    if(data.code == 200) {
                        mui.toast('登录成功');
                        localStorage.setItem('token', data.token);
                    } else {
                        mui.toast(data.msg);
                    }
                },
                error:function(xhr,type,errorThrown){
                    console.log("请求失败");
                }
```

```
                });
          }
      </script>
      …
</ body >
```

☑ **说明：**

    A. 通过阅读接口文档可以得知，我们可以通过响应参数中的 code 值，判断请求是否成功。

    B. 请求成功时，通过 mui.toast 在页面上输出"登录成功"，反之，我们将服务器返回的错误信息作为提示内容反馈至页面。

    C. 由于响应参数中的 token 作为系统全程都需要使用的用户身份识别令牌，需要将其永久储存（持久化）。在此，我们借助 localStorage 函数存储，具体方式为：localStorage.setItem('存储参数名', 存储内容)。

六、mui.openWindows()方式的页面跳转

调用接口成功后，如输入正确的用户名和密码，根据题目要求，需要将界面跳转至首页，MUI 框架为我们封装了界面跳转的方式。

① 在 pages 目录中，新增 home 目录，并在 home 目录中新建 index.html 界面作为首页，如图 B-2-13、图 B-2-14 所示。

图 B-2-13　新建目录

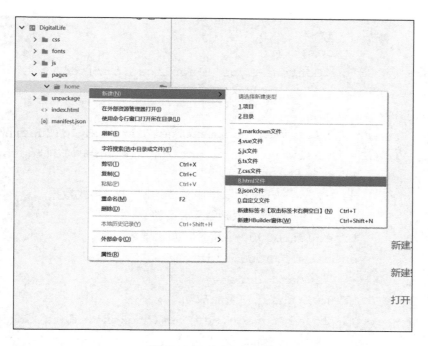

图 B-2-14 新建文件

② 在 index.html 中，引用 CSS 文件和 js 文件。

```html
<!DOCTYPE html>
    <html>
    <head>
    <meta charset="utf-8">
    <meta name="viewport" content="width=device-width,initial-scale=1,
minimum-scale=1,maximum-scale=1,user-scalable=no" />
    <title></title>
    <link href="../CSS/mui.min.CSS" rel="stylesheet"/>
    </head>
    <body>
        <script src="../js/mui.min.js"></script>
        <script type="text/javascript" charset="utf-8">
            mui.init();
        </script>
    </body>
</html>
```

③ 修改 login.html 内的 function login()回调函数，加入页面跳转内容。

```html
<body>
    ...
    <script type="text/javascript">
        mui.init()
        function login() {
            mui.ajax('http://124.93.196.45:10091/Neusoft/times-model/
```

```
app/login',{
            headers: {
                'Content-Type':'application/json'
            },
            data:{
                username: document.getElementById("username").value,
                password: document.getElementById("password").value
            },
            dataType:'json',//服务器返回json格式数据
            type:'POST',//HTTP请求类型
            timeout:10000,//超时时间设置为10秒
            success:function(data){
                if(data.code == 200) {
                mui.toast('登录成功');
                localStorage.setItem('token', data.token);
                    setTimeout(()=> {
                        mui.openWindow('./pages/home/index.html');
                    },1000)
                } else {
                    mui.toast(data.msg)
                }
            },
            error:function(xhr,type,errorThrown){
                console.log("请求失败");
            }
        });
    }
    </script>
    ...
    </ body >
```

☑ **说明：**

A. 由于需要让用户看到"登录成功"的提示语，通过 setTimeout 函数设置 1 秒的延迟，在 1 秒后，跳转至首页。

B. 利用 localStorage 方法，将接口返回的 token 至存入客户端。

扩展优化

登录时，必须勾选"用户隐私政策"复选框，用户名及密码必须填写，在这两个前提下，我们才能进一步进行接口调用。操作方法如下。

修改 login.html 内的 function login()回调函数。

```html
<body>
    ...

    <script type="text/javascript">
        mui.init()
        function login() {
            var params = {
                username: document.getElementById("username").value,
                password: document.getElementById("password").value
            }
            if (!params.username || !params.password) {
                mui.toast("请输入用户名和密码")
                return;
            }
            mui.ajax('http://124.93.196.45:10091/Neusoft/times-model/app/login',{

                headers: {
                    'Content-Type':'application/json'
                },
                data: params,
                dataType:'json',//服务器返回json格式数据
                type:'post',//HTTP请求类型
                timeout:10000,//超时时间设置为10秒；
                success:function(data){
                    if(data.code == 200) {
                        mui.toast('登录成功');
                        localStorage.setItem('token', data.token);
                        setTimeout(()=> {
                            mui.openWindow('./pages/home/index.html');
                        },1000)
                    } else {
                        mui.toast(data.msg)
                    }
                },
                error:function(xhr,type,errorThrown){
                    console.log("请求失败");
                }
            });
        }
    </script>
    ...
</ body >
```

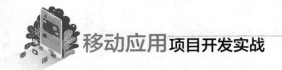

☑ **说明:**

在接口调用前,我们应该先完成数据校验,当获取到的输入内容为空时,显示提示信息,并跳出方法。

进阶提升

一、完整要求及分析

1. 完整要求

打开 App 首先进入登录界面,界面上方显示用户名和密码输入框,输入框下方显示"登录"按钮和"用户隐私政策"复选框。点击"用户隐私政策"复选框时或者在点击"登录"按钮时没有勾选"我已同意《用户隐私政策》"复选框的情况下,会弹出用户隐私政策界面,在界面右上角显示 5 秒倒计时,倒计时结束前"确认"按钮不可点击,倒计时结束后可以点击下面的"确定"按钮,关闭弹出框,同时"用户隐私政策"复选框状态变为已勾选状态,点击"登录"按钮进行登录操作,如果登录成功则跳转至 App 主界面,如果登录不成功,用消息框显示登录失败的原因。

2. 要求分析

① 需要新增用户隐私政策界面,并添加倒计时功能。

② 点击"用户隐私政策"或在点击"登录"按钮时,当校验触发用户隐私政策后,需要进入新界面。

③ "用户隐私政策"界面的"确定"按钮需关联到登录界面中的"隐私协议"复选框勾选状态。

3. 难度

★★★★

二、创建"用户隐私政策"界面

在 pages 目录内创建 policy.html 文件,并引用 CSS 文件和 js 文件。

```
<!doctype html>
<html>
    <head>
        <meta charset="utf-8">
```

```
        <title></title>
        <meta name="viewport"
        content="width=device-width,initial-scale=1,minimum-scale=1,
maximum-scale=1,user-scalable=no" />
        <link href="../CSS/mui.min.CSS" rel="stylesheet" />
        <link href="../CSS/common.CSS" rel="stylesheet" />
        <link href="../CSS/icons-extra.CSS" rel="stylesheet" />
    </head>
    <body>
        <div class="mui-content">
        </div>
        <script src="../js/mui.min.js"></script>
        <script type="text/javascript">
            mui.init()
        </script>
    </body>
</html>
```

在\<body\>\</body\>标签内添加标题栏\<header\>\</header\>标签，如图 B-2-15 所示。

```
    ...
    <body>
        <header class="mui-bar mui-bar-nav" style="display: flex;
align-items: center;">
            <a style="color:black;" class="mui-action-back mui-icon
mui-icon-left-nav mui-pull-left"></a>
            <h1 class="mui-title">用户隐私政策</h1>
            <div style="margin-left: auto;"><span id="time">5</span>s倒计时
</div>
        </header>
        <div class="mui-content">
        </div>
        <script src="../js/mui.min.js"></script>

        <script type="text/javascript">
            mui.init()
        </script>
    </body>
    ...
```

图 B-2-15　"用户隐私政策"界面

在<script type="text/javascript"></script>内加入倒计时功能。

```
...
<script type="text/javascript">
    mui.init();
    var time = 5;
    var timer = setInterval(e => {
        if (time > 0) {
            time--;
            document.getElementById("time").innerHTML = time;
        }
    }, 1000)
</script>
...
```

☑ 说明:

A. 定义了 time 变量用于记录当前秒数。

B. 使用 document.getElementById("time")，通过标签 ID 获取 HTML 界面内的倒计时数字。

C. 通过 JavaScript 定时器方法 setInterval()方法创建一个每秒执行一次的函数。

D. 在函数中，我们将 time 变量递减直至 0（默认数字是 5）。

三、用户隐私政策页面的跳转

在 login.html 内，点击"《用户隐私政策》"字样，使页面跳转至 policy.html。需要在 login.html 文档中添加点击事件，实现页面跳转，并在<body></body>标签里写入。

```
...
<body>
    ...
    <div style="display: flex;" class="small-text" >
        <input type="checkbox" id="isRead">
        <div>我已阅读并同意</div>

        <div style="color: #CF2D28;" onclick="mui.openWindow('./pages/
policy.html')">《用户隐私政策》</div>
    </div>
    ...
</body>
...
```

☑ **说明：**

A. 在《用户隐私政策》的<div></div>标签内绑定"onclick"点击事件。

B. 在"onclick"点击事件内加入 mui 内置方法 mui.openWindow（'需跳转的界面地址'）。

在<script type="text/javascript"></script>标签内修改 login()方法，达到登录前校验的目的。修改 login.html 文件里的<script type="text/javascript"></script>标签。

```
<body>
    ...
    <script type="text/javascript">
        mui.init()
        function login() {
            var params = {
                username: document.getElementById("username").value,
                password: document.getElementById("password").value
            }
            if (!params.username || !params.password) {
                mui.toast("请输入用户名和密码")
                return;
            }
            // 加入如果不点击"我已阅读并同意"复选框就无法登录
            if (!document.getElementById("isRead").checked) {
                mui.toast("请阅读并同意《用户隐私政策》");
                return;
```

```
                }
            mui.ajax('http://124.93.196.45:10091/Neusoft/times-model/
app/login',{
                headers: {
                    'Content-Type':'application/json'
                },
                data: params,
                dataType:'json',//服务器返回json格式数据
                type:'post',//HTTP请求类型
                timeout:10000,//超时时间设置为10秒;
                success:function(data){
                    if(data.code == 200) {
                        mui.toast('登录成功');
                        localStorage.setItem('token', data.token);
                        setTimeout(()=> {
                            mui.openWindow('./pages/home/index.html');
                        },1000)
                    } else {
                        mui.toast(data.msg)
                    }
                },
                error:function(xhr,type,errorThrown){
                    console.log("请求失败");
                }
            });
        }
    </script>
    ...
</ body >
```

四、点击确定后的返回事件

在 policy.html 界面内,加入"确定"按钮,如图 B-2-16 所示。

```
<html>
<head>
...
</head>
<style>
    html,body{
        height: 100vh;
    }
```

```
        #submit{
            position: absolute;
            bottom: 0;
            left: 0;
        }
    </style>
    <body>
    ...
        <div class="mui-content">
            <button type="button" style="margin-top: 200px;" class="mui-btn
mui-btn-red mui-btn-block fix-bottom" disabled id="submit">确定</button>
        </div>
    ...
    <script type="text/javascript">
        mui.init()
        var time = 5;
        var timer = setInterval(e => {
            if (time > 0) {
                time--;
                document.getElementById("time").innerHTML = time;
                if (time == 0) {
                    document.getElementById("submit").disabled = false
                }
            }
        }, 1000)
    </script>
    ...
```

图 B-2-16 "用户隐私政策"界面

☑ **说明:**

A. 在\<button>\</button>标签内加入 "disabled" 属性,即可实现 "确定" 按钮初始状态为不可点击状态。

B. 修改 policy.html 界面内 js 方法,倒计时完成后, "确定" 按钮即可点击。

修改点击 "确定" 按钮事件。

① 为 "用户隐私政策" 界面添加 "确认" 按钮监听事件。

在 policy.html 文件的\<script type="text/javascript">\</script>标签中添加以下代码,用于实现添加 "用户隐私政策" 界面 "确认" 按钮监听事件。

```html
<script type="text/javascript">
    mui.init()
    var timer = setInterval(e => {
        if (time > 0) {
            time--;
            document.getElementById("time").innerHTML = time;
            if (time == 0) {
                document.getElementById("submit").disabled = false
            }
        }
    }, 1000)
    document.getElementById('submit').addEventListener('tap',
function() {
        mui.fire(plus.webview.currentWebview().opener(), 'read')
        mui.back()
    })
</script>
```

☑ **说明:**

A. 点击 "确定" 按钮后,需对登录界面产生影响(点击按钮后,自动将登录界面 "用户隐私政策" 复选框更改为勾选状态),需要通过 mui.fire()方法进行界面间的参数传递。

B. 通过 plus.webview.currentWebview().opener()获取当前界面的上级界面(login.html),并为其添加自定义 "read" 事件。

需要注意的是,mui.fire 函数需要在真机或模拟器上调试插件效果。

② 在 "login.html" 界面的\<script type="text/javascript">\</script>标签内增加自定义 "read" 事件,实现 "用户隐私政策" 复选框自动勾选。

```html
<script type="text/javascript">
    mui.init()
    window.addEventListener('read', function() {
```

```
        document.getElementById("idRead").checked = true
    })
    ...
    </script>
```

☑ **说明:**

在登录页监听"read"事件,将页面中"用户隐私政策"复选框状态自动修改为勾选状态。

需要注意的是:由于 plus 在浏览器端无法调试,该功能需在模拟器或真机上调试。

任务 3 实现底部导航栏功能

任务描述

显示底部导航栏,采用图标加文字方式显示,图标在上,文字在下,共 5 个图标+文字组合,分别为首页、视频、心得、数据分析和我的。

点击标签进入相应界面,并借用颜色标记当前界面所在导航栏标签的图标和名称。

关键技术描述

1. tab bar(选项卡)组件的使用

2. icon(图标)组件的使用

3. tab bar(选项卡)组件的 webview 切换显示实现

4. onclick(事件)用户点击导航项时要执行的操作

制作步骤

一、创建底部导航栏样式

通过阅读"任务描述"板块,可以确定在制作底部导航栏时,我们会涉及 MUI 组件以下组件的使用。

① tab bar（选项卡）。

在初始框架 DigitalLife 项目中参照 examples 文件夹中的 tabbar.html 文件，创建底部导航栏样式。也可以通过 MUI 官网首页选择"底部导航卡-div 模式"后，使用控制台（F12）在元素选显卡选中底部导航栏查看源码，如图 B-3-1 所示。

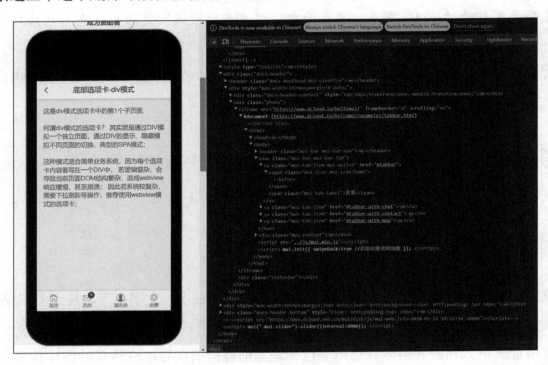

图 B-3-1　底部导航卡官网源码

② icon（图标）。

底部导航栏图标可以使用 MUI 提供的 icon（图标）来实现。

接下来我们用代码开始实现，在 pages 目录下的 home 子目录中，修改 index.html 界面。

在<head></head>标签中定义画面的分辨率，引用通用 CSS 文件及图标文件。

```
<!DOCTYPE html>
<html>
    <head>
        <meta charset="utf-8">
        <title>Hello MUI</title>
        <meta  name="viewport"
        content="width=device-width,initial-scale=1,
        maximum-scale=1,user-scalable=no">
        <!--标准mui.CSS-->
        <link rel="stylesheet" href="../../CSS/mui.min.CSS">
        <!-- 引入common.CSS文件 -->
```

```
                    <link rel="stylesheet" href="../../CSS/common.CSS">
            </head>
                ...
        </html>
```

在\<body\>\</body\>标签中引用 mui.min.js（MUI 封装的 JavaScript 文件）。

```
<!DOCTYPE html>
<html>
    <head>
        <meta charset="utf-8">
        <title>Hello MUI</title>
        <meta name="viewport"
        content="width=device-width,initial-scale=1,
        maximum-scale=1,user-scalable=no">
        <!--标准mui.CSS-->
        <link rel="stylesheet" href="../../CSS/mui.min.CSS">
        <!-- 引入common.CSS文件 -->
        <link rel="stylesheet" href="../../CSS/common.CSS">
    <body>
        <!-- 引入MUI封装的JavaScript文件 -->
        <script src="../../js/mui.min.js"></script>
        <script type="text/javascript">
            mui.init()
        </script>
    </body>
</html>
```

在\<body\>\</body\>标签中引用\<header\>\</header\>标签，用于显示界面顶部标题栏，如图 B-3-2 所示。

```
<!DOCTYPE html>
<html>
    ...
    <body>
        <!-- 加入头信息  -->
        <header class="mui-bar mui-bar-nav" style="background-color:
white;">
            <!-- 顶部标题栏返回箭头-->
            <a class="mui-action-back mui-icon mui-icon-left-nav mui-
pull-left"></a>
            <h1 class="mui-title">首页</h1>
        </header>
        <!-- 引入MUI封装的JavaScript文件 -->
        <script src="../../js/mui.min.js"></script>
```

```
        ...
        </body>
    </html>
```

图 B-3-2　界面顶部标题栏

在<body></body>标签中加入 tab bar 组件，如图 B-3-3 所示。

```
    <body>
        <!-- 加入头信息  -->
        <header class="mui-bar mui-bar-nav" style="background-color:
white;">
            <!-- 顶部标题栏返回箭头-->
            <a class="mui-action-back mui-icon mui-icon-left-nav
mui-pull-left">
            </a>
            <h1 class="mui-title">首页</h1>
        </header>
        <!-- 引入MUI封装的JavaScript文件 -->
        <script src="../../js/mui.min.js"></script>
        <nav class="mui-bar mui-bar-tab">
            <a class="mui-tab-item mui-active">
                <span class="mui-icon mui-icon-home"></span>
                <span class="mui-tab-label">首页</span>
            </a>
            <a class="mui-tab-item">
                <span class="mui-icon mui-icon-videocam"></span>
                <span class="mui-tab-label">视频</span>
```

```
        </a>
        <a class="mui-tab-item">
            <span class="mui-icon mui-icon-compose"></span>
            <span class="mui-tab-label">心得</span>
        </a>
        <a class="mui-tab-item">
            <span class="mui-icon mui-icon-pengyouquan"></span>
            <span class="mui-tab-label">数据分析</span>
        </a>
        <a class="mui-tab-item">
            <span class="mui-icon mui-icon-contact"></span>
            <span class="mui-tab-label">我的</span>
        </a>
    </nav>
    ...
</body>
```

☑ **说明:**

A. 添加类似"mui-active"的 a 标签元素，tab bar 组件会处于默认选中的状态。

B. 由于 MUI 默认的主题色为蓝色，此次项目主题色为红色，因此我们需要在 CSS 目录下的 common.CSS 文件中添加"mui-active"对应的颜色，如图 B-3-4 所示，添加如下代码。

```
.mui-bar-tab .mui-tab-item.mui-active {
    color: #CF2D28;
}
```

图 B-3-3　默认的底部导航栏

图 B-3-4　添加颜色

C. 所需要用到的 icon 图标可以在 MUI 官网找到。

二、添加 Tab 栏切换事件

根据"任务描述"要求，实现"点击标签的 icon（图标）进入相应页面"的功能。首先，要掌握 onclick（点击事件）的相关知识，用来实现页面跳转。接下来我们要在 pages 目录下新建目录和 html 文件。

首先，在 pages 目录下的 home 目录中新建 home.html 文件作为首页内容，如图 B-3-5 所示。

其次，在 home.html 中，引用 CSS 文件和 js 文件，并在顶部标题栏中显示页面名称。分别在\<head\>\</head\>标签中引入 CSS 文件和在\<body\>\</body\>标签中引入 js 文件。

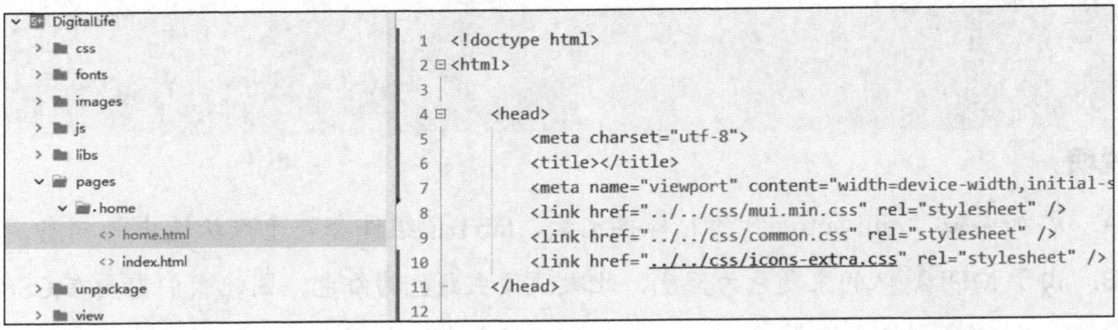

图 B-3-5　新建 home.html 文件

```html
<!doctype html>
<html>
    <head>
        <meta charset="utf-8">
        <title></title>
        <meta  name="viewport"
        content="width=device-width,initial-scale=1,
        maximum-scale=1,user-scalable=no">
        <!-- 引入CSS文件 -->
        <link href="../../CSS/mui.min.CSS" rel="stylesheet" />
        <link href="../../CSS/common.CSS" rel="stylesheet" />
    </head>
    <body>
        <!-- 引入js文件 -->
        <script src="../../js/mui.min.js"></script>
        <script type="text/javascript">
            mui.init();
        </script>
    </body>
</html>
```

在<body></body>标签中加入<header></header>标签和 MUI 内容域，用于在顶部标题栏中显示页面名称。

```html
<!doctype html>
<html>
    <body>
        <!-- 顶部标题栏中显示页面名称 -->
        <header class="mui-bar mui-bar-nav">
            <!-- 顶部标题栏返回箭头-->
            <a class="mui-action-back mui-icon mui-icon-left-nav
mui-pull-left"></a>
            <h1 class="mui-title">首页</h1>
        </header>
        <!-- MUI内容域 -->
        <div class="mui-content">
        </div>
        <!-- 引入js文件 -->
        <script src="../../js/mui.min.js"></script>
        <script type="text/javascript">
            mui.init();
        </script>
    </body>
</html>
```

首页基础页面的完整代码如下（home 目录下的 home.html）。

```html
<!doctype html>
<html>
    <head>
        <meta charset="utf-8">
        <title></title>
        <meta  name="viewport"
        content="width=device-width,initial-scale=1,
        maximum-scale=1,user-scalable=no">
        <!-- 引入CSS文件 -->
        <link href="../../CSS/mui.min.CSS" rel="stylesheet" />
        <link href="../../CSS/common.CSS" rel="stylesheet" />
    </head>
    <body>
        <!-- 顶部标题栏中显示页面名称 -->
        <header class="mui-bar mui-bar-nav">
        <!-- 顶部标题栏返回箭头-->
            <a class="mui-action-back
                mui-icon mui-icon-left-nav
```

```
            mui-pull-left"></a>
        <h1 class="mui-title">首页</h1>
    </header>
    <!-- MUI内容域 -->
    <div class="mui-content">
    </div>
    <!-- 引入js文件 -->
    <script src="../../js/mui.min.js"></script>
    <script type="text/javascript">
        mui.init()
    </script>
</body>
</html>
```

以首页基础页面的完整代码为标准，创建其他页面时，需要根据底部导航栏的名称改动<header></header>标签中<h1></h1>标签的内容，如 videos.html 为视频页面，需要将下面代码中标红的"首页"修改成"视频"。

```
<div>
...
    <!-- 顶部标题栏中显示页面名称 -->
    <header class="mui-bar mui-bar-nav">
        <!-- 顶部标题栏中返回箭头 -->
        <a class="mui-action-back
            mui-icon mui-icon-left-nav
            mui-pull-left"></a>
        <!-- 页面名称:首页 -->
        <h1 class="mui-title">首页</h1>
    </header>
...
</div>
```

接下来依次创建 pages 目录下的子目录。

视频页面：创建 video 目录，并在 video 目录下创建 video.html 文件，如图 B-3-6 所示。

以首页基础页面的完整代码为标准，添加修改内容如下。

```
<body>
    <!-- 顶部标题栏中显示页面名称 -->
    <header class="mui-bar mui-bar-nav">
        <!-- 顶部标题栏中返回箭头 -->
        <a class="mui-action-back
            mui-icon mui-icon-left-nav
            mui-pull-left"></a>
```

```
        <!-- 页面名称:视频 -->
        <h1 class="mui-title">视频</h1>
    </header>
...
</body>
```

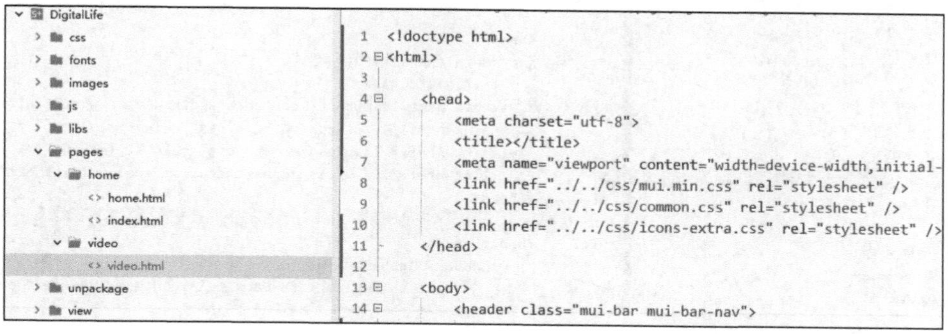

图 B-3-6　创建 video.html 文件

心得页面：创建 experience 目录，并在 experience 目录下创建 experience.html 文件，如图 B-3-7 所示。

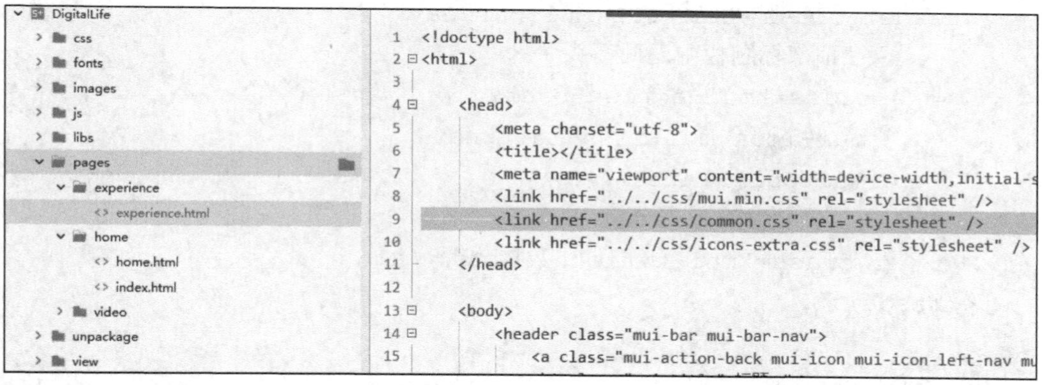

图 B-3-7　创建 experience.html 文件

以首页基础页面的完整代码为标准，添加修改内容如下。

```
<body>
    <!-- 顶部标题栏中显示页面名称 -->
    <header class="mui-bar mui-bar-nav">
        <!-- 顶部标题栏中返回箭头 -->
        <a class="mui-action-back
            mui-icon mui-icon-left-nav
            mui-pull-left"></a>
        <!-- 页面名称:心得 -->
        <h1 class="mui-title">心得</h1>
    </header>
```

```
...
</body>
```

数据分析页面：在 home 目录下创建 analysis.html 文件，如图 B-3-8 所示。

```
 1  <!doctype html>
 2  <html>
 3
 4      <head>
 5          <meta charset="utf-8">
 6          <title></title>
 7          <meta name="viewport" content="width=device-width,initial-s
 8          <link href="../../css/mui.min.css" rel="stylesheet" />
 9          <link href="../../css/common.css" rel="stylesheet" />
10          <link href="../../css/icons-extra.css" rel="stylesheet" />
11      </head>
12
13      <body>
14          <header class="mui-bar mui-bar-nav">
15              <a class="mui-action-back mui-icon mui-icon-left-nav mu
16              <h1 class="mui-title">标题</h1>
```

图 B-3-8　创建 analysis.html 文件

以首页基础页面的完整代码为标准，添加修改内容如下。

```
<body>
    <!-- 顶部标题栏中显示页面名称 -->
    <header class="mui-bar mui-bar-nav">
        <!-- 顶部标题栏中返回箭头 -->
        <a class="mui-action-back
            mui-icon mui-icon-left-nav
            mui-pull-left"></a>
        <!-- 页面名称:数据分析 -->
        <h1 class="mui-title">数据分析</h1>
    </header>
...
</body>
```

我的页面：创建 user 目录，并在 user 目录下创建 user.html 文件，如图 B-3-9 所示。

```
 1  <!doctype html>
 2  <html>
 3
 4      <head>
 5          <meta charset="utf-8">
 6          <title></title>
 7          <meta name="viewport" content="width=device-width,initial-s
 8          <link href="../../css/mui.min.css" rel="stylesheet" />
 9          <link href="../../css/common.css" rel="stylesheet" />
10          <link href="../../css/icons-extra.css" rel="stylesheet" />
11      </head>
12
13      <body>
14          <header class="mui-bar mui-bar-nav">
```

图 B-3-9　创建 user.html 文件

以首页基础页面的完整代码为标准，添加修改内容如下。

```
<body>
    <!-- 顶部标题栏中显示页面名称 -->
    <header class="mui-bar mui-bar-nav">
        <!-- 顶部标题栏中返回箭头 -->
        <a class="mui-action-back
            mui-icon mui-icon-left-nav
            mui-pull-left"></a>
        <!-- 页面名称:我的-->
        <h1 class="mui-title">我的</h1>
    </header>
...
</body>
```

三、实现底部导航栏功能

根据首页底部导航栏的切换规则，无法使用 mui.openWindow()方法实现。我们需要在当前 webview 中，将新建的页面提前载入。在点击事件时，展示出对应的 webview 即可。

1. 载入 tab bar（选择卡）组件的 webview

修改 home 目录中的 index.html 页面，在 index.html 页面的<script type="text/javascript"></script>标签中引入以上新建页面的路径，然后通过遍历循环的方式，使用 plus.webview.create 方法进行 webview 的载入，具体代码如下。

```
<body>
...
<script type="text/javascript">
    mui.init();
    mui.plusReady(function() {
        let subPages = ['../home/home.html', '../video/videos.html',
        '../experience/experience.html','../home/analysis.html',
'../user/user.html' ]
        let self = plus.webview.currentWebview()
        subPages.forEach(e => {
            let curr = plus.webview.create(e, e, {
                top: '0px',
                bottom: '45px'
            })
            curr.hide()
            self.append(curr)
        })
```

```
            plus.webview.show(subPages[0])
        })
    </script>
    ...
    </body>

    </body>
```

✅ **说明：**

A. 其中 subPages 数组中存放新建各页面的路径，如"首页"页面路径为../home/home.html，"视频"页面路径为../video/videos.html，"心得"页面路径为：../experience/ experience.html，"数据分析"页面路径为../home/analysis.html，"我的"页面路径为：../user/user.html。

B. plus.webview.currentWebview()可获取当前 webview，各页面通过 plus.webview.create()方法载入当前 webview 中。

C. plus.webview.show(subPages[0])表示导航栏初始化时，显示数组中第一个路径，也就是首页的地址。

2. 绑定点击事件

绘制完成页面后，我们需要为页面对应的控件绑定点击事件，以实现对应的功能。根据需求，我们要对底部导航栏绑定点击事件，因此实现点击标签进入对应页面。

在以下案例中，我们通过在 html 中的 dom 节点，直接绑定点击事件的形式来实现按钮绑定，以最大限度节约代码量。

修改 index.html 页面，在<nav></nav>标签的<a></a>标签中绑定 onclick 事件，实现页面跳转效果，如图 B-3-10 所示。

```
    <body>
    ...
        <nav class="mui-bar mui-bar-tab">
            <a class="mui-tab-item mui-active" onclick="plus.webview.show
('../home/home.html')">
                <span class="mui-icon mui-icon-home"></span>
                <span class="mui-tab-label">首页</span>
            </a>
            <a class="mui-tab-item" onclick="plus.webview.show
('../video/videos.html')">
                <span class="mui-icon mui-icon-videocam"></span>
                <span class="mui-tab-label">视频</span>
            </a>
            <a class="mui-tab-item" onclick="plus.webview.show
```

```
('../experience/experience.html')">
                <span class="mui-icon mui-icon-compose"></span>
                <span class="mui-tab-label">心得</span>
        </a>
        <a class="mui-tab-item" onclick="plus.webview.show
('../home/analysis.html')">
                <span class="mui-icon mui-icon-pengyouquan"></span>
    <span class="mui-tab-label">数据分析</span>
        </a>
        <a class="mui-tab-item" onclick="plus.webview.show
('../user/user.html')">
                <span class="mui-icon mui-icon-contact"></span>
                <span class="mui-tab-label">我的</span>
        </a>
    </nav>
    ...
    </body>
```

图 B-3-10　页面跳转效果

☑ **说明:**

　　onclick 事件指定了在用户点击导航栏的按钮时要执行的操作,即切换到相应的 Web 视图。这种方式通常用于创建移动应用的底部导航栏,以便用户可以轻松使用不同的功能或跳转到不同的页面。

　　需要注意的是,由于 plus 在浏览器端无法调试,该功能需在模拟器及真机上调试。

一、完整要求及分析

1. 完整要求

采用图标加文字的方式显示底部导航栏，图标在上，文字在下，共 5 个图标+文字组合，分别为首页、视频、心得、数据分析和我的，点击标签进入对应页面，用颜色标记当前页面所在导航栏标签的图标和名称，当点击导航栏标签切换页面时，导航栏图标尺寸立刻变为原来的 50%，500 毫秒内逐渐恢复至原尺寸，如图 B-3-11 所示。

图 B-3-11　CSS3 动画实现

2. 要求分析

根据要求可以得出，在点击导航栏时，需要添加动画效果。

3. 难度

★★

二、动画实现

动画的实现思路主要有以下两种。

① 通过 JQuery 库的 animate()方法实现。

② 通过 CSS3 动画实现。

此处，我们选用 CSS3 动画实现，在 home 目录下的 index.html 文件中的<head></head>标签中引入如下 CSS 样式。

```
<!doctype html>
<html>
    <head>
        ...
        <style type="text/CSS">
            /* 为标签添加动画 */
            .mui-active .mui-icon {
                animation: toBig 500ms linear;
            }
```

```
                          /* 动画效果 */
                          @keyframes toBig {
                              from {
                                  font-size: 12px;
                              }
                              to {
                                  font-size: 24px;
                              }
                          }
                      </style>
                  </head>
              </html>
```

☑️ **说明：**

A. animation 属性定义了一个名为 toBig 的 CSS3 动画，动画持续时间为 500 毫秒，动画的变化曲线为 linear，即匀速播放。

B. @keyframes 定义了 toBig 动画的关键帧，即从 12 像素大小变为 24 像素。

任务 **4** 实现轮播图及楷模公告功能

任务描述

进入 App 主界面（首页），要求：主界面上方显示轮播图（能够实现循环轮播的效果）。

轮播图下方显示楷模公告部分，要求：楷模公告部分左侧显示"楷模公告"四字，文字以每行两个字的方式展示，右侧显示公告标题和公告内容（字数过多用"..."代替）。

关键技术描述

1. slider（轮播）组件的使用
2. 在 slider 组件中实现循环轮播

制作步骤

一、认识并使用 MUI 组件

通过阅读"任务描述"可以确定，我们在实现轮播图及楷模公告功能时会用到以下画面元素。

① 轮播图。

② 滚动条指示器。

③ 公告卡片。

将以上画面元素对照 MUI 官方文档进行对照，不难发现：

① 轮播图可以使用 MUI 官网提供的 slider（轮播组件）实现。

② 滚动条指示器可以使用 MUI 官网提供的 scroll（区域滚动）中横向滚动实现。

③ 公告卡片可以使用 MUI 官网提供的 cardview（卡片视图）实现。

通过了解以上控件，我们可以将其应用至轮播图及楷模公告的制作中。

二、轮播图制作

1. 轮播图页面元素的构建

在 pages 目录下 home 目录中的 home.html 文件中的<body></body>标签中引入 MUI 内容区域，添加如下代码。

```html
<body>
  ...
  <!-- MUI内容区域 -->
  <div class="mui-content">
    <!-- 轮播图 -->
    <div id="slider" class="mui-slider">
      <div class="mui-slider-group mui-slider-loop"
id="sliderList"></div>
      <!-- 滚动条指示器 -->
      <div class="mui-slider-indicator">
        <div class="mui-indicator mui-active"></div>
        <div class="mui-indicator"></div>
        <div class="mui-indicator"></div>
      </div>
```

```
            </div>
        </div>
        ...
    </body>
```

☑ **说明:**

A. 建立一个空的"mui-slider-group"存放轮播图,后续通过接口获取轮播数据,并设置到这个 dom 中。

B. "mui-slider-indicator"用于配置轮播图下方的指示器,此处直接构建了三个"mui-indicator",并将第一个设置为"mui-active",即选中状态。

C. <div class="mui-indicator"></div>是另外两个轮播指示器的项目,它们表示未被选中的轮播项。

2. 轮播图数据的获取

根据提供的请求地址,通过访问接口,获取轮播图的相关数据,如图 B-4-1 所示。

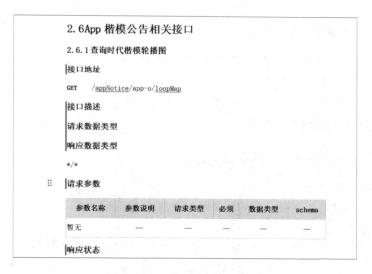

图 B-4-1　轮播图接口数据

服务器的地址:http://124.93.196.45:10091/Neusoft/times-model

请求地址:/appNotice/app-o/loopMap

请求方式:GET

请求参数:无

根据以上接口信息,在 home.html 文件<body></body>标签中的<script type="text/javascript"></script>标签中编写轮播图请求接口代码如下。

```
<body>
    ...
    <script type="text/javascript">
        mui.init();
        // ajax 请求以获取轮播图数据
        mui.ajax(
        'http://124.93.196.45:10091/Neusoft/times-model/appNotice/
app-o/loopMap',{
                dataType:'json',//服务器返回json格式数据
                type:'GET',//HTTP请求类型
                timeout:10000,//超时时间设置为10秒
                success:function(res){
                    //获取从服务器返回的res对象，其中包含一些数据。
                    console.log(res);            }
        });
    </script>
</body>
```

将从接口中获取到的轮播图渲染至页面，如图 B-4-2 所示。因此我们对<script type="text/javascript"> </script>标签中的轮播图请求接口代码进行修改，代码如下。

```
<body>
    ...
    <script type="text/javascript">
        ...
        // ajax 请求以获取轮播图数据
        mui.ajax(
    'http://124.93.196.45:10091/Neusoft/times-model/appNotice/app-o/loop
Map',{
                dataType: 'json', //服务器返回json格式数据
                type: 'GET', //HTTP请求类型
                success: function(res) {
                    // 服务器ip地址
                    let ip = "http://124.93.196.45:10091/Neusoft/times-model";
                    // 在末尾添加一个数据用于循环效果
                    res.data.push(res.data[0]);
                    // 在开头添加一个数据用于循环效果
                    res.data.unshift(res.data[res.data.length - 2]);
                    // 动态生成轮播图
                    res.data.forEach((e, i) => {
                    document.getElementById("sliderList").innerHTML += `
                        <div class="mui-slider-item ${i==0 || i ==
                            res.data.length -1 ?
```

```
                        'mui-slider-item-duplicate':''}">
    <img src="${ ip +e.picPath}">
    <div
    style="position: relative; z-index: 10; height: 3rem;
    margin-top: -3.3rem;
    background-color: rgba(0, 0, 0, 0.5); color: white;">
        ${e.title}
            </div>
        </div>`
    });
    // 初始化轮播图，设置每隔 3000ms 切换一张图片
    mui('.mui-slider').slider({
        interval: 3000
    })
        },
    });
    ...
    </script>
</body>
```

图 B-4-2　页面获取轮播图

✔ **说明:**

A. 根据 MUI 轮播图机制,若要支持循环,则需要在.mui-slider-group 节点上增加.mui-slider-loop 类,同时需要重复增加两张图片,图片顺序变为 3—1—2—3—1,同时首尾两张图片增加 mui-slider-item-duplicate 类。

B. 轮播图下方的遮罩区域样式采用 rgba 的形式置为半透明,并通过 margin-top 的负值及设置堆叠顺序 z-index,使其遮挡在图片上方。

C. 在进行画面渲染的字符串操作时,使用反单引号配合"${}"实现变量与固定内容的拼接。

D. 由于接口获取的图片大小不尽相同,故需设置 CSS 样式,规定图片统一高度,确保画面美观。在 CSS 目录下的 common.CSS 中设置如下样式。

```css
.mui-slider-item img {
    height: 200px;
}
```

三、楷模公告制作

1. 楷模公告画面的制作

使用 cardview(卡片视图)组件构建楷模公告的画面,如图 B-4-3 所示。在 pages 目录下的 home.html 文件中写入,并在<body></body>标签中的 MUI 内容区域添加"卡片视图"组件,用组件实现"任务描述"要求中的楷模公告部分左侧显示"楷模公告"四个字,文字以每行两个字的方式展示,代码如下。

```html
<body>
  ...
  <div class="mui-content">
    ...
    <!-- 卡片视图 -->
    <div style="padding: 0.5rem;">
      <div class="mui-card"
          style="padding: 0.5rem;height: 100px;
          border-radius: 20px; align-items: center;display: flex;">
        <div style="margin: 1rem;">
        <div class="big-text" style="color: #CF2D28;">楷模</div>
        <div class="big-text">公告</div>
        </div>
        <div class="line-col" style="height:  80%;"></div>
        <div style="width: 1px; flex: 1 1 auto;"
```

```
id="notice"></div>
                </div>
            </div>
        </div>
        ...
    </body>
```

图 B-4-3　楷模公告画面的制作

☑ **说明：**

A. 页面中运用了多个自定义类，需要在 CSS 目录下的 common.CSS 文件中添加如下样式。

```
.small-text {
    font-size: 0.875rem;
    line-height: 1.2rem;
    font-weight: normal;
    color: #888;
}

.big-text {
    font-size: 1.125rem;
    line-height: 1.4rem;
    font-weight: bold;
```

```
    color: #333;
}

.line-col {
    width: 1px;
    height: 100%;
    background-color: #ccc;
    margin: 0 0.5rem;
}
```

B. 在 notice 区域，用于显示从接口获取的楷模公告。

需要注意的是，每次获取到数据并完成样式时，需要刷新一下。

2. 数据获取及页面渲染

根据请求地址访问接口，获取楷模公告的页面文字数据，如图 B-4-4 所示。

请求地址：/appNotice/app-o/modelNotice

请求方式：GET

请求参数：无

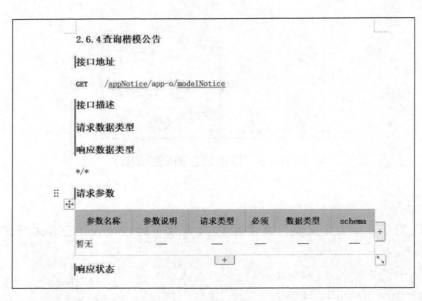

图 B-4-4　楷模公告的接口

在 pages 目录下的 home.html 文件中的<body></body>标签<script type="text/javascript"></script>中编写请求接口代码如下。

```
<body>
    ...
    <script type="text/javascript">
        mui.init()
```

```
          ...
          //ajax请求以获取公告数据
          mui.ajax(
    'http://124.93.196.45:10091/Neusoft/times-model/appNotice/app-o/mode
lNotice',{
              dataType:'json',//服务器返回json格式数据
              type:'GET',//HTTP请求类型
              timeout:10000,//超时时间设置为10秒
              success:function(res){
                  console.log(res)
              }
          });
      </script>
  </body>
```

将文字数据渲染至画面，写入<script type="text/javascript"></script>标签中，如图 B-4-5 所示。

```
  <body>
      ...
      <script type="text/javascript">
          mui.init()
          ...
          // ajax 请求以获取公告数据
          mui.ajax(
    'http://124.93.196.45:10091/Neusoft/times-model/appNotice/app-o/mode
lNotice',{
              dataType:'json',//服务器返回json格式数据
              type:'GET',//HTTP请求类型
              timeout:10000,//超时时间设置为10秒
              success: function(res) {
                  let e = res.data[0]
                  document.getElementById("notice").innerHTML += `
                    <div class="big-text no-wrap">${e.title}</div>
                    <div class="small-text no-wrap" style="margin-top:
                        0.5rem;">${e.content}</div>`
              }
          });
      </script>
  </body>
```

✅ **说明:**

A. 从接口可获取到多条楷模公告数据，在此我们展示第一条数据。

B. 根据题目要求，超出页面显示部分，用 "..." 代替，故在 CSS 目录下的 common.CSS 文件中，添加 no-wrap 类样式，添加代码如下。

```
.no-wrap {
    white-space: nowrap;
    text-overflow: ellipsis;
    overflow: hidden;
}
```

其中 white-space 设置为在一行内强制显示所有文本，text-overflow 属性设置为多余文本显示省略标记，同时 overflow 设置为超出显示范围隐藏。三个属性须配合使用，缺一不可。

图 B-4-5　将获取文字数据渲染到页面

扩展优化

在页面顶部标题栏和轮播图中间位置需有一行展示文字，如 "学习雷锋同志，弘扬雷锋精神" 的文字案例，呈现效果以白色的文字，红色的背景为主。我们需要在 home.html 文件里的

<body></body>标签中轮播图组件上方的 MUI 内容区域添加如下代码，如图 B-4-6 所示。

```
<body>
    ...
    <div class="mui-content">
        <div class="center" style="width: 100%; height: 2rem;
background-color:       #CF2D28; color: white;">
            学习雷锋同志，弘扬雷锋精神
        </div>
        ...
    </div>
    ...
</body>
```

在 CSS 目录下的 common.CSS 文件中添加如下代码。

```
.center {
    display: flex;
    justify-content: center;
    align-items: center;
}
```

图 B-4-6　顶部展示文字

一、完整要求及分析

1. 完整要求

进入 App 主界面（首页），上方显示轮播图，当页面上滑时，轮播图逐渐透明直至消失，当页面下滑时，轮播图逐渐显示直至完全不透明，轮播图下方显示楷模公告部分，楷模公告部分左侧显示"楷模公告"四字，该四字以每行两个字的方式展示，右侧显示公告标题和公告内容（字数过多用"..."代替）。

2. 要求分析

根据要求可以得出，当页面滚动时，需要轮播图的透明度随之改变。

3. 难度

二、效果实现

根据题目要求，我们需要监听整体页面的滚动，以实现在页面的不同位置设置轮播图的透明度。其中，监听页面滚动可以通过 window.onscroll 进行，而透明度则通过 CSS 中的 opacity 属性控制，从 0.0（完全透明）到 1.0（完全不透明）。

在 pages 目录下的 home.html 文件中的<script type="text/javascript"></script>标签内添加如下代码，如图 B-4-7 所示。

```
<body>
  ...
  <script type="text/javascript">
    mui.init()
    window.onscroll = e => {
      document.getElementById(
      "slider").style.opacity = 1 - pageYOffset / 232
    }
  ...
  </script>
</body>
```

图 B-4-7　效果实现

☑ **说明：**

A. window.onscroll 事件中，我们针对 slider 对象进行样式的设置，所改变的属性为 opacity。

B. 轮播区高度为 200 像素，上方固定文字高度为 32 像素，因此我们通过 pageYOffset / 232 显示画面已经向下滚动的比例，当页面滚动达到或超过 232 像素时，opacity 属性设置为 0（当该属性为负值时，仍然显示为全透明）。

任务 5　实现应用服务入口模块

任务描述

显示 App 各领域应用服务入口，以图标和名称为单元格方式显示，手机端每行显示 3 个，包括楷模列表、英雄故事、身边英雄、公益活动、数据分析、更多。每个领域应用入口布局显示为圆形图标+名称布局，点击图标可进入对应的领域应用页面。

关键技术描述

1. grid 布局的应用
2. 页面间的 param 参数传递

制作步骤

一、应用服务列表制作

1. 创建空页面

根据上述"任务描述"的要求，实现点击图标即跳转至对应的领域应用页面，由于许多页面并无实质内容，可以创建通用的空白页作为跳转对象。

在 pages 目录下创建 template 目录，并在 template 目录下创建 white.html 文件，如图 B-5-1 所示。

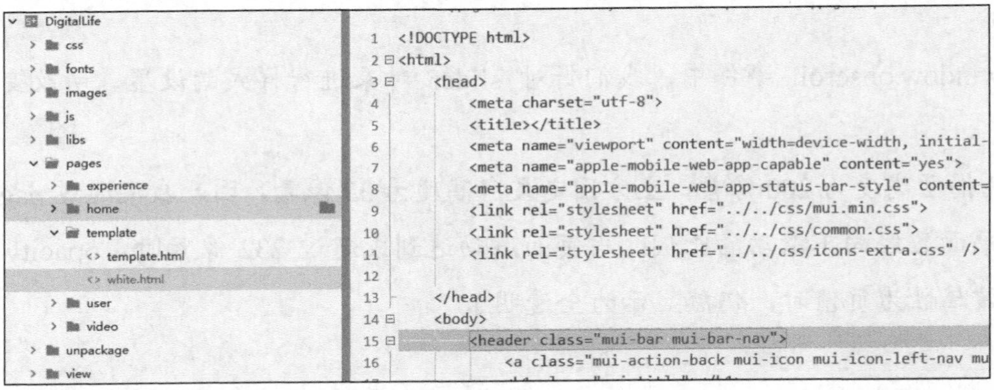

图 B-5-1 创建 white.html 文件

```html
<!doctype html>
<html>
    <head>
        <meta charset="utf-8">
        <title></title>
        <meta name="viewport"
content="width=device-width,initial-scale=1,minimum-scale=1,maximum-scale=1,user-scalable=no" />
        <link href="../../CSS/mui.min.CSS" rel="stylesheet" />
        <link href="../../CSS/common.CSS" rel="stylesheet" />
    </head>
```

```
            <body>
                <header class="mui-bar mui-bar-nav">
                    <a class="mui-action-back mui-icon mui-icon-left-nav
mui-pull-left"></a>
                    <h1 class="mui-title" id="title"></h1>
                </header>
                <div class="mui-content">
                </div>
                <script src="../../js/mui.min.js"></script>
                <script type="text/javascript">
                    mui.init();
                </script>
            </body>
        </html>
```

☑ 说明：

　　虽然本页面为空页面，但当多个入口同时跳转至本页面时，需要对页面显示进行区分，如在页面标题栏处显示"英雄故事""身边英雄"等，这就需要在后续开发中，为页面传递一个字符串参数。

　　2. 构建服务列表数据结构

　　根据"任务描述"的要求，点击不同的页面后应跳转至对应的应用页面，因此每个服务元素都需要具备以下属性：服务名称、服务图片地址、服务跳转页面。在 home.html 文件里的<script type="text/javascript"></script>标签中写入服务项列表（servList），且包含多个对象，页面中每个对象以"图片+名称"的方式显示，代码如下。

```
            <body>
            ...
            <script src="../../js/jquery.min.js"></script>
            <script src="../../js/mui.min.js"></script>
            <script type="text/javascript">
                mui.init()
                ...
            /* 创建了一个服务项列表(servList)，其中包含多个服务项对象，每个对象具有名称
(name)、图像URL地址(imgUrl)和目标链接(target)属性 */
                servList = [{
                    name: '楷模列表',
                    imgUrl: '../../images/img_home_model_list.png',
                    target: '../template/white.html',
                }, {
                    name: '英雄故事',
```

```
            imgUrl: '../../images/img_home_hero_list.png',
            target: '../template/white.html',
        }, {
            name: '身边英雄',
            imgUrl: '../../images/img_home_around_list.png',
            target: '../template/white.html',
        }, {
            name: '公益活动',
            imgUrl: '../../images/img_home_material_list.png',
            target: '../template/white.html',
        }, {
            name: '数据分析',
            imgUrl: '../../images/img_home_masses_list.png',
            target: '../home/analysis.html',
        }];
    ...
    </script>
    </body>
```

✅ **说明：**

A. name 属性为服务标题，既用于在服务列表中显示服务名称，又用于点击服务跳转后空白页面的标题显示。

B. imgUrl 属性为服务的图片路径。

C. target 属性为点击服务的跳转页面路径。

二、页面渲染

在楷模公告下方，添加服务区域。并在 home.html 文件里的<body></body>标签中的 MUI 内容区域添加"卡片视图"组件，如图 B-5-2 所示。

```
    <body>
    ...
    <div style="padding: 0.5rem;">
    <div class="mui-card flex-row" style="height: 100px;">
        <div style="margin: 1rem;">
            <div class="big-text" style="color: #CF2D28;">楷模</div>
            <div class="big-text">公告</div>
        </div>
        <div class="line-col"></div>
        <div style="width: 1px; flex: 1 1 auto;" id="notice"></div>
    </div>
```

```
<!-- 卡片视图 -->
<div class="mui-card servGrid"   style="border-radius: 20px;">
    <div class="servItem" id="more">
        <img src="../../images/img_home_more_list.png">
        <span>更多</span>
    </div>
 </div>
...
</body>
```

图 B-5-2　MUI 内容区域添加卡片视图组件

在服务区域渲染各服务元素，并在 home.html 文件中的<script type="text/javascript"></script>标签中添加如下代码。

```
<script type="text/javascript">
...
servList.filter(e => !e.isHide).forEach(e => {
    // 点击事件调用mui.openWindow()函数，打开目标链接并传递参数
    $('#more').before(`
    <div class="servItem" onclick="mui.openWindow('${e.target}?
param=${e.name}')">
        <img src="${e.imgUrl}">
```

```
            <span>${e.name}</span>
        </div>`)
    })
</script>
```

☑ 说明：

将服务名称作为参数传递给空白页面，可以通过页面 URL 进行。页面 URL 拼接参数的格式为：url?参数 1=参数 1 值&参数 2=参数 2 值&参数 3=参数 3 值。

为服务区域渲染各服务元素添加样式，要在 CSS 目录下的 common.CSS 文件中添加样式，如图 B-5-3 所示。

```
.servGrid {
    display: grid;
    grid-template-columns: repeat(3, 1fr);
    grid-gap: 0.5rem;
}


.servItem {
    display: flex;
    justify-content: center;
    align-items: center;
    flex-direction: column;
}


.servItem img {
    width: 3rem;
    height: 3rem;
    border-radius: 50%;
    border: 1px solid #ccc;
    margin: 0.25rem;
}


.servItem span {
    font-size: 0.875rem;
    line-height: 1.2rem;
    font-weight: normal;
    color: #888;
}
```

☑ 说明：

A. servGrid 类定义了 display 属性为网格布局形式。

B. 在 grid 布局中，通过 grid-template-columns 属性规划可划分列数。

C. repeat(3, 1fr)值定义了每行被分为 3 列，每列的空间占据比例均为 1 份，即每行被分为 3 列。

D. grid-gap 属性定义了每个网格之间的间距。

图 B-5-3　为服务区域渲染各服务元素添加样式

三、页面间参数的接受

实现点击服务区域各元素时，跳转到带有服务区域标题的对应页面，如图 B-5-4 所示。在 white.html 文件中的<script type="text/javascript"> </script>标签中添加代码。代码如下。

```
<script type="text/javascript">
    mui.init();
// 声明一个空的JavaScript对象pageData，用于存储URL参数值。
    let pageData = {}
// 使用try-catch语句块来捕获可能发生的错误。
    try {
// 从URL中解码并获取名为"param"的参数值，然后将该参数值赋给变量pageData
        pageData = decodeURI(location.search).split('?param=')[1]
    } catch (e) {}
// 将获取到的URL参数值设置到id为"title"的HTML元素的内容中。
    document.getElementById("title").innerHTML = pageData
</script>
```

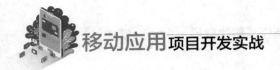

说明：

   A. 通过 decodeURI() 方法，解码 URL 中的参数部分。

   B. 通过 split 方法，将具体的参数值分离出来。

   C. 将分离出的字符串参数值设置到 header 元素中。

图 B-5-4　跳转页面

任务 6　实现应用服务入口管理模块

任务描述

当点击"更多"图标时，进入管理应用服务入口页面，显示所有入口 icon 页面。

页面上方展示首页显示的入口图标，边框带有颜色，最多显示 5 个，下方展示收起的领域应用入口，同时页面可以切换栅格（每行 3 个）/列表的显示方式，点击对应的功能图标跳转至对应的功能页面，点击"退出登录"时，跳转至登录页面。

当在栅格的显示方式下点击"编辑"按钮时，进入编辑模式，显示的服务图标右上角有减号 icon，点击减号，对应领域应用入口图标移动到页面下方区域；收起的图标右上角有加号 icon，点击加号，图标移动到页面上方区域。

关键技术描述

1．通过操作 localStorage 存储、读取对象元素
2．通过::after 进行伪类元素的添加
3．通过本地存储（localStorage）实现页面元素的访问及移动

制作步骤

一、创建管理应用服务入口页

需要在 home 目录下创建 more.html 文件，并根据"任务描述"要求构建基本的页面元素，如图 B-6-1 所示。

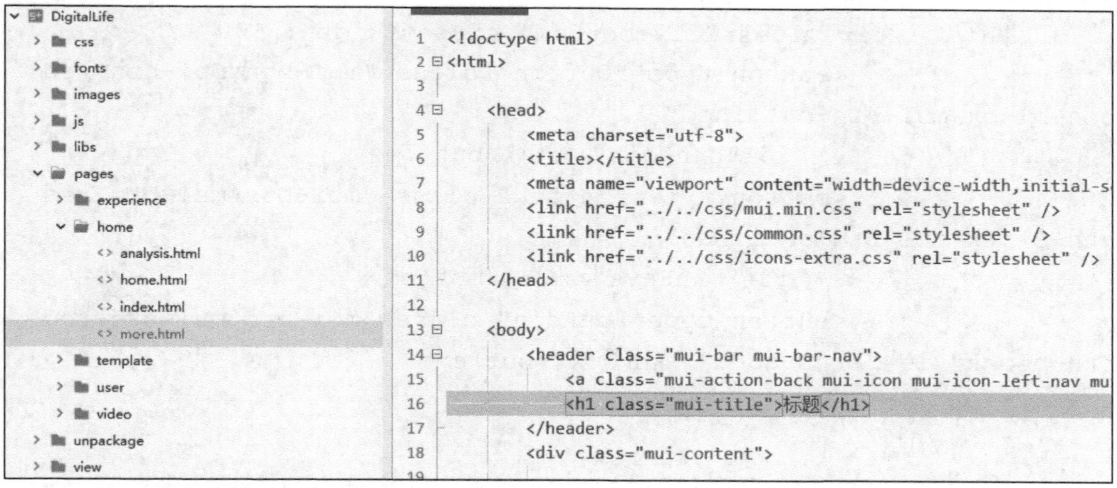

图 B-6-1　创建 more.html 文件

管理应用服务入口页面的创建，在 more.html 文件中写入以下代码，创建管理应用服务入口页面，如图 B-6-2 所示。

```
<!doctype html>
<html>
    <head>
        <meta charset="utf-8">
        <title></title>
        <meta name="viewport"
```

```
            content="width=device-width,initial-scale=1,minimum-scale=1,maxi
mum-scale=1,user-scalable=no" />
            <link href="../../CSS/mui.min.CSS" rel="stylesheet" />
            <link href="../../CSS/common.CSS" rel="stylesheet" />
        </head>
        <body style="padding: 0.5rem;">
            <header class="mui-bar mui-bar-nav flex-row">
                <a class="mui-action-back mui-icon mui-icon-left-nav
mui-pull-left"></a>
                <h1 class="mui-title">更多</h1>
                <div></div>
            </header>
            <div class="mui-content more">
                <div class="red-text">显示入口</div>
                <div class="mui-card servGrid" id="fa1" style="min-height:
160px;"></div>
                <div class="red-text">隐藏入口</div>
                <div class="mui-card servGrid" id="fa2" style="min-height:
160px;"></div>
                <div class="fix-bottom" style="width: 100%;">
                    <button type="button" class="mui-btn mui-btn-red
mui-btn-block mui-btn-outlined"
                        id="btnEdit">编辑</button>
                    <button type="button" class="mui-btn mui-btn-red
mui-btn-block mui-btn-outlined"
                        id="btnSave">保存</button>
                    <button type="button" class="mui-btn mui-btn-red
mui-btn-block" id="btnLogout">退出登录</button>
                </div>
            </div>
            <script src="../../js/mui.min.js"></script>
            <script src="../../js/jquery.min.js"></script>
            <script type="text/javascript">
                mui.init()
            </script>
        </body>
    </html>
```

图 B-6-2　创建管理应用服务入口页面

在 CSS 目录下的 common.CSS 文件中为页面添加如下样式，如图 B-6-3 所示。

```css
.red-text {
    font-size: 1.3rem;
    line-height: 1.7rem;
    font-weight: bold;
    color: #333;
    padding-left: 4px;
    border-left: solid #CF2D28 4px;
    margin: 0.5rem 0;
}

.fix-bottom {
    position: fixed;
    left: 0;
    bottom: 0;
}

.mui-btn {
    border-radius: 0.5rem;
}

.mui-btn-red {
    background-color: #CF2D28;
}
```

```css
.mui-btn-block {
    width: calc(100% - 1rem);
    margin: 0.5rem;
}


.mui-btn-outlined {
    background-color: transparent;
}


.more .mui-btn-block {
    height: 40px;
    border-radius: 20px;
    display: flex;
    justify-content: center;
    align-items: center;
    padding: 0;
}
```

图 B-6-3　管理应用服务入口页面样式添加

在 home.html 文件中的<body></body>标签中写入 onclick（点击事件），实现页面跳转，以及为页面添加更多按钮点击事件。

```html
<body>
...
    <div class="mui-card servGrid" style="border-radius: 20px;">
```

```
            <div class="servItem" id="more" onclick="mui.openWindow
('more.html')">
                <img src="../../images/img_home_more_list.png">
                <span>更多</span>
            </div>
        </div>
    ...
    </body>
```

二、统一数据源

根据"任务描述"要求，在应用服务入口管理页面，针对应用服务的编辑，应当在首页体现。要实现这一需求，首页应用服务列表数据与应用服务入口管理页面应一致。

开发过程中，可以通过浏览器本地存储（localStorage）来实现跨页面的数据读取与编辑。

在 home.html 文件中开发应用服务入口时，需构建 servList 对象，后续所有的操作都可针对本数据源进行。主要是在 home.html 文件的<script type="text/javascript"></script>标签中进行服务列表数据初始化。

```
    <script type="text/javascript">
    ...
        let servList = []
        if (localStorage.getItem('servList')) {
            servList = JSON.parse(localStorage.getItem('servList'))
        } else {
            servList = [{
                name: '楷模列表',
                imgUrl: '../../images/img_home_model_list.png',
                target: '../template/white.html',
                isHide: false
            }, {
                name: '英雄故事',
                imgUrl: '../../images/img_home_hero_list.png',
                target: '../template/white.html',
                isHide: false
            }, {
                name: '身边英雄',
                imgUrl: '../../images/img_home_around_list.png',
                target: '../template/white.html',
                isHide: false
```

```
        }, {
            name: '公益活动',
            imgUrl: '../../images/img_home_material_list.png',
            target: '../template/white.html',
            isHide: false
        }, {
            name: '数据分析',
            imgUrl: '../../images/img_home_masses_list.png',
            target: '../home/analysis.html',
            isHide: false
        }]
        localStorage.setItem('servList', JSON.stringify(servList))
    }
    ...
</script>
```

☑ **说明：**

A. 通过 localStorage.getItem()方法获取本地浏览器存储中的对象，当前无对象时，初始化对象，并通过 localStorage.setItem()方法保存至本地浏览器存储中。

B. 由于 localStorage 中存储的值均为字符串，因此对象数据需通过 JSON.stringify()方法转化为字符串。

C. 如从本地浏览器存储中获取 servList 数据，则可以通过 JSON.parse()方法，将 json 字符串转化为对象数据。

D. 根据题意，服务入口显示状态可编辑，故新增 isHide 属性，用于展示/隐藏服务入口。

接下来我们对应用服务入口管理页面数据进行渲染，实现点击"更多"时，跳转到更多页面。我们需要在 more.html 文件中的<script type="text/javascript"></script>标签中添加如下代码，通过获取本地存储（localStorage）的数据，让其动态渲染应用服务入口管理页面数据，如图 B-6-4 所示。

```
<script type="text/javascript">
    mui.init();
    // 动态渲染应用服务入口管理页面数据
    let arr = JSON.parse(localStorage.getItem('servList'))
    arr.forEach(e => {
        $(e.isHide ? '#fa2' : '#fa1').append(`
            <div class="servItem" target="${e.target}" name="${e.name}"
                style="z-index: 1;">
                <img src="${e.imgUrl}">
```

```
            <span>${e.name}</span>
        </div>`)
    })
</script>
```

图 B-6-4　应用服务入口管理页面渲染

✔ **说明：**

A. 通过 localStorage.getItem()方法获取本地浏览器存储中的 servList 对象。

B. 通过 isHide 属性判断，将其渲染至显示入口及隐藏入口对应的区域中。

C. 通过添加 z-index 设置元素的堆叠顺序，使得元素不被遮挡。

三、显示方式切换及退出登录

1. 添加显示切换按钮

我们在 header 中添加 icons-extra.CSS，如图 B-6-5 所示。在 more.html 文件里的\<body style="padding: 0.5rem;">\</body>标签中引用 mui-icon 图标，用于添加显示切换按钮。

```
<html>
    <head>
    ...
    <link href="../../CSS/icons-extra.CSS" rel="stylesheet" />
    ...
    </head>
```

```
        <body style="padding: 0.5rem;">
            <header class="mui-bar mui-bar-nav flex-row">
                <a class="mui-action-back mui-icon mui-icon-left-nav
mui-pull-left"></a>
                <h1 class="mui-title">更多</h1>
                <span class="mui-icon mui-icon-bars" id="icoList"></span>
                <span class="mui-icon mui-icon-extra mui-icon-extra-class"
id="icoGrid"></span>
            </header>
        ...
        </body>
    </html>
```

图 B-6-5　在静态页面添加显示切换按钮

在 more.html 文件的<script type="text/javascript"></script>标签中为图标添加点击事件,
实现点击图标可以展示收起的领域应用入口,同时页面可以切换栅格(每行 3 个)/列表的
显示方式,如图 B-6-6 所示。

```
        <script type="text/javascript">
        ...
            $('#icoGrid').hide()

            $('#icoList').click(e => {
                $('#icoList').hide()
                $('#icoGrid').show()
```

```
        $('#fa1')[0].classList.remove('servGrid')
        $('#fa1')[0].classList.add('servList')
    })
    $('#icoGrid').click(e => {
        $('#icoList').show()
        $('#icoGrid').hide()
        $('#fa1')[0].classList.add('servGrid')
        $('#fa1')[0].classList.remove('servList')
    })
</script>
```

图 B-6-6　显示入口列表

由于通用的 servList 类无法满足列表横向展示的需要，故需要在 CSS 目录下的 common.CSS 文件中添加如下样式。

```
.more .servList .servItem {
    width: 100%;
    display: flex;
    flex-direction: row;
    justify-content: start;
}


.more .servItem {
    position: relative;
    height: 80px;
}
```

```
.more .servList .servItem span {
    font-size: 1.125rem;
    line-height: 1.4rem;
    font-weight: bold;
    color: #333;
    margin-left: 0.5rem;
}
```

2. 退出登录点击事件

在制作绑定事件时，使用在 dom 中直接绑定的方式。这里我们尝试在 JavaScript 代码中进行绑定，在 more.html 文件中的<script type="text/javascript"></script>标签中实现退出登录点击事件，方式如下。

```
<script type="text/javascript">
...
    $('#btnLogout').click(e => {
        localStorage.removeItem('token')
        mui.back()
        mui.fire(plus.webview.currentWebview().opener(), 'myBack')
    })
</script>
```

☑ 说明：

A. 登录后，localStorage 中会对登录后获取的用户识别码 token 进行存储，当退出登录时，需要将其清除，在下次登录时重新获取并存储。

B. 本事件需要退出至登录页面，在此我们需先回到首页，再从首页退回登录页面。故添加自定义事件 myBack，并在 home.html 中接收。

C. 在点击"退出登录"按钮时，不可通过 mui.openWindow()方式跳转至登录页面，避免 webview 堆叠顺序混乱，造成后续在页面间跳转时，返回顺序混乱。

在 home.html 中的<script type="text/javascript"></script>标签中，当我们触发 myBack 事件时，需要返回上一页，并重新加载页面。因此，我们针对自定义 myBack 事件进行监听。

```
<body>
...
<script type="text/javascript">
    mui.init();
    window.addEventListener('myBack', function() {
        mui.back()
```

```
        //调用location.reload()方法重新加载当前页面
        location.reload()
    })
    ...
    </script>
</body>
```

四、制作编辑模式

1. 需求分析

根据"任务描述",在不同模式下,页面的显示状态有所不同。

正常模式:默认状态及通过点击"保存"按钮后进入,该模式显示"编辑"按钮、"退出登录"按钮、"隐藏保存"按钮,点击服务入口可跳转,隐藏服务入口右上角 icon。

编辑模式:点击"编辑"按钮后进入,该模式隐藏"编辑"按钮、"登录"按钮,显示"保存"按钮,点击服务入口不可跳转,显示服务入口右上角 icon。

2. 右上角 icon 构建

在先前构建的服务入口页面中,并未设置右上角 icon,因此,需要在页面渲染时,单独添加此 icon,并在 more.html 文件中的<script type="text/javascript"></script>标签中,添加右上角 icon 元素。

```
<body>
...
<script type="text/javascript">
    mui.init()
    let arr = JSON.parse(localStorage.getItem('servList'))
    arr.forEach(e => {
        $(e.isHide ? '#fa2' : '#fa1').append(`
        <div class="servItem" target="${e.target}" name="${e.name}"
            style="z-index: 1;">
            <img src="${e.imgUrl}">
            <span>${e.name}</span>
            <div class="topIco"></div>
        </div>`)
    })
...
    </script>
...
</body>
```

项目开发实战

topIco 类中显示的元素因所处区域不同而分别显示 "+" 或 "–"。同时，又要求按钮需叠加在服务入口区域的右上角，如图 B-6-7 所示。在此，我们通过 CSS 来完成上述逻辑，在 more.html 页面的<head></head>标签中，添加如下代码。

```
<html>
<head>
    ...
</head>
<style type="text/CSS">
    .topIco::after {
        position: absolute;
        right: 1rem;
        top: 0;
        color: white;
        width: 1rem;
        height: 1rem;
        border-radius: 50%;
        display: flex;
        justify-content: center;
        align-items: center;
    }

    #fa1 .topIco::after {
        content: '-';
        background-color: #CF2D28;
    }

    #fa2 .topIco::after {
        content: '+';
        background-color: #007AFF;
    }
</style>
<body>
    ...
</body>
</html>
```

☑ 说明：

A. 通过::after 方式，在 topIco 类后添加伪元素。

B. 由于#fa1 表示显示区域，因此，添加的伪元素中显示 "–"，反之，#fa2 表示隐藏区域，故显示 "+"。

C. 使用 position:absolute 的绝对定位方式，使该伪元素浮于应用服务入口上方。通过设置 right 和 top 属性，调整伪元素的位置，通过设置 border-radius: 50%使元素呈现圆形。

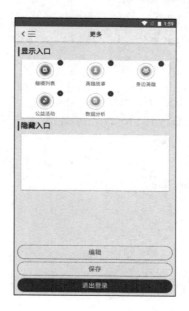

图 B-6-7 右上角 icon 构建

3. 默认状态

根据分析，默认状态下隐藏"保存"按钮、隐藏服务入口右上角 icon，同时添加服务入口点击事件，如图 B-6-8 所示。在 more.html 文件中的<script type="text/javascript"></script>标签中写入如下代码，实现对应功能，代码如下。

```
<body>
...
    <script type="text/javascript">
    ...
        let arr = JSON.parse(localStorage.getItem('servList'))
        arr.forEach(e => {
            $(e.isHide ? '#fa2' : '#fa1').append(`
            <div class="servItem" target="${e.target}" name="${e.name}"
                style="z-index: 1;">
                <img src="${e.imgUrl}">
                <span>${e.name}</span>
                <div class="topIco"></div>
            </div>`)
        })
        // 默认状态下隐藏保存按钮、隐藏服务入口右上角icon，同时添加服务入口点击事件
        $('#btnSave').hide()
        $('.topIco').hide()
```

```
                // 添加服务入口点击事件
          mui('.mui - card').on('tap', '.servItem', itemTap)
          function itemTap(e) {
              let node = getNode(e.target)
              mui.openWindow(node.getAttribute('target')+ "?param="
+node.getAttribute('name'))
          }
          function getNode(node) {
              if (node.classList.contains('servItem')) {
                  return node
              }
              return node.parentNode
          }
      ...
      </script>
  ...
  </body>
```

☑ **说明：**

A. 在构建 servItem 类时，我们将本应用服务需要跳转的 URL 存储在 target 属性中，因此可以通过访问 servItem 类对应的 DOM 跳转至对应页面。

B. 在给 servItem 类添加点击事件后，点击其子元素（图片或文字）均会触发本事件，而我们要进行跳转所需的 URL 则存储在 servItem 类的 target 属性中，因此，我们需要判断当前点击的元素是否为 servItem 类；反之，可使用.parentNode()方法获取其父元素。

图 B-6-8　默认状态页面

4．点击编辑按钮

根据分析，进入编辑模式，需隐藏"编辑"按钮、隐藏"登录"按钮、显示"保存"按钮、显示服务入口右上角 icon、移除服务入口点击事件，如图 B-6-9 所示。我们在 more.html 文件的\<script type= "text/javascript"> \</script>标签中写入如下代码，实现相应功能。

```
<body>
...
    <script type="text/javascript">
    ...
        $('#btnSave').hide()
        $('.topIco').hide()
        mui('.mui-card').on('tap', '.servItem', itemTap)
    ...
        // 进入编辑模式
        $('#btnEdit').click(e => {
            $('#btnSave').show()
            $('#btnEdit').hide()
            $('#btnLogout').hide()
            $('.topIco').show()
            mui('.mui-card').off('tap', '.servItem', itemTap)
        })
    ...
    </script>
...
</body>
```

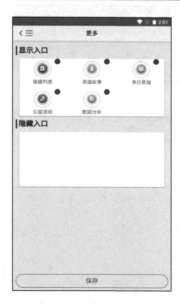

图 B-6-9　编辑模式页面

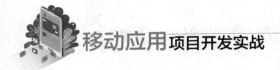

☑ **说明:**

根据 MUI 官方文档,我们可以通过.on(event,selector,handler)绑定事件,也可以通过.off(event,selector,handler)解除绑定事件。(https://dev.dcloud.net.cn/mui/event/#off)

5. 点击应用服务入口右上角 icon

根据分析,点击应用服务入口右上角 icon 时,显示入口区域的应用服务则移至隐藏入口区域;反之,隐藏入口区域对应的应用服务则移至显示入口区域,如图 B-6-10 所示。在 more.html 文件中的<script type="text/javascript"></script>标签中写入如下代码,实现相关功能。

```javascript
<script type="text/javascript">
...
    $('#btnEdit').click(e => {
        $('#btnSave').show()
        $('#btnEdit').hide()
        $('#btnLogout').hide()
        $('.topIco').show()
        mui('.mui-card').off('tap', '.servItem', itemTap)
    })

    $('.topIco').click(e => {
        let node = e.target.parentNode
        $(node.parentNode.id == 'fa1' ? '#fa2' : '#fa1').append(node)
    })
...
</script>
```

图 B-6-10　显示入口和隐藏入口显示状态

说明：

A. 通过.parentNode 可获取到整个 servItem 对应的 DOM 元素。

B. 通过 servItem 的 parentNode 可获知其处于显示/隐藏入口。

C. 通过 append()方法，可将整个 DOM 元素移动至对应区域的末尾。

6. 点击保存按钮

点击"保存"按钮后，不仅页面要恢复正常模式，更要将当前各个区域的应用服务入口元素转化为数据对象，并存储至 localStorage 中，如图 B-6-11 所示。在 more.html 文件中的<script type="text/ javascript"> </script>标签中写入如下代码，实现相关功能。

```
<script type="text/javascript">
    ...
    $('.topIco').click(e => {
        let node = e.target.parentNode
        $(node.parentNode.id == 'fa1' ? '#fa2' : '#fa1').append(node)
    })
    // 进入保存模式
    $('#btnSave').click(e => {
        $('#btnSave').hide()
        $('#btnEdit').show()
        $('#btnLogout').show()
        $('.topIco').hide()
        mui('.mui-card').on('tap', '.servItem', itemTap)
        let newArr = []
        $('#fa1 .servItem').each((i, e) => {
            let str = e.getAttribute("name")
            let obj = arr.find(e => e.name == str)
            obj.isHide = false
            newArr.push(obj)
        })
        $('#fa2 .servItem').each((i, e) => {
            let str = e.getAttribute("name")
            let obj = arr.find(e => e.name == str)
            obj.isHide = true
            newArr.push(obj)
        })
        localStorage.setItem('servList', JSON.stringify(newArr))
    })
    ...
</script>
```

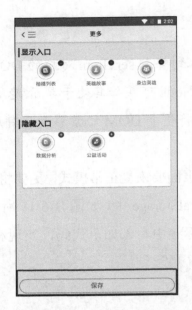

图 B-6-11　实现点击保存功能

☑ **说明：**

A. 通过遍历各个区域下 servItem 元素，并对其 name 属性进行匹配，找到完整数据对象。

B. 将获取的数据对象按序插入新的列表，同时，根据所处区域，设置其 isHide 属性。

C. 最终，更新 localStorage 中的 servList 对象。

7. 返回首页后刷新

更新 servList 对象后，回到首页，需要将首页应用服务入口区域重新加载，以体现编辑效果，如图 B-6-12 所示。因此在 more.html 文件的<script type="text/javascript"></script>标签中添加如下代码，实现相关功能。

```
<script type="text/javascript">
    mui.init({
        beforeback: function() {
            mui.fire(plus.webview.currentWebview().opener(), 'myRefresh')
            return true
        }
    })
...
</script>
```

☑ **说明：**

在 MUI 提供的 init 方法中，可以添加 beforeback 参数，并在其中添加自定义事件。（https:// dev.dcloud.net.cn/ mui/window/#closewindow）

当回到首页，我们会触发 myRefresh 自定义事件，实现重新加载效果。在 home.html

文件中的<script type="text/javascript"></script>标签中添加 myRefresh 自定义事件监听，代码如下。自定义监听首页页面如图 B-6-13 所示。

```
<script type="text/javascript">
    mui.init()
    window.addEventListener('myBack', function() {
        mui.back()
        location.reload()
    })
    window.addEventListener('myRefresh', function() {
        location.reload()
    })
...
</script>
```

图 B-6-12　进入编辑页面

图 B-6-13　自定义监听首页页面

进阶提升

一、完整要求及分析

1. 完整要求

当点击"更多"入口时，进入管理应用服务入口页，显示所有入口 icon 页面。页面上方展示首页显示的入口图标，边框带有颜色，最多显示 5 个，下方展示收起的领域应用入口图标，同时页面可以切换栅格（每行 3 个）/列表的显示方式，点击对应的功能图标跳转至对应的功能页面，点击"退出登录"时，跳转至登录页面。当在栅格的显示方式下点击"编辑"按钮时，进入编辑模式，显示的服务图标右上角有减号 icon，点击减号，图标移动到页面下方区域；收起的图标右上角有加号 icon，点击加号，图标移动到页面上方区域。长按图标，图标弹起，可拖动重新排序。

2. 要求分析

根据题目要求，需要监听 servItem 的长按事件，并制作弹起特效。同时需为 servItem 元素增加拖拽功能，拖拽功能可通过 JavaScript 中提供的触摸移动方法实现，最终完成拖拽时，需让元素进入对应区域中。

3. 难度

★★★★★

二、效果实现

1. 长按元素

根据分析，在编辑模式下长按 servItem 时，当前 servItem 元素弹起，方可进行拖拽。以下代码均在 more.html 文件中的<script type="text/javascript"></script>标签中。

在 MUI 初始化时配置长按事件。

```
mui.init({
    ...
    gestureConfig: {
        longtap: true,
    }
})
```

在点击"编辑"按钮时添加长按事件。

```
$('#btnEdit').click(e => {
    ...
    mui('.mui-card').on('longtap','.servItem',longTap)
    ...
}
```

在点击"保存"按钮时移除长按事件。

```
$('#btnSave').click(e => {
    ...
```

```
        mui('.mui-card').off('longtap','.servItem',longTap)
        ...
    }
```

实现长按事件。

```
function longTap(e) {
    let node = getNode(e.target)
    node.classList.add('eject')
}
```

在<head>标签中的样式部分，添加以下内容。

```
<style type="text/CSS">
    ...
    .eject img {
        width: 4rem;
        height: 4rem;
    }
</style>
```

☑ **说明**：

根据分析，为实现弹起特效，可以将图表放大，如图 B-6-14 所示。因此可以在点击时，添加 eject 类，同时在本页面 CSS 中添加图片变大样式。

图 B-6-14　长按图标时图标变大

根据分析，当 servItem 元素弹起时，我们可对 servItem 元素可进行拖拽，因此需要对此次弹起的元素进行全局记录。

```
let tapNode = null

function longTap(e) {
    let node = getNode(e.target)
    node.classList.add('eject')
    tapNode = node
}
```

2. 拖拽事件添加

根据 JavaScript 提供的触摸事件，可以将整个拖拽过程分为 3 个阶段，即拖拽开始（touchstart）、移动（touchmove）、拖拽完成（touchend）。以下代码均在 more.html 文件的 <script type="text/javascript"></script> 标签中实现。

定义拖拽开始、移动、拖拽完成 3 个事件。

```
<body>
...
<script type="text/javascript">
...
$('#btnEdit').click(e => {
    ...
    mui('.mui-card').on('longtap','.servItem',longTap)
    mui('.mui-card').on('touchstart', '.servItem', touchstart)
    mui('.mui-card').on('touchmove', '.servItem', touchmove)
    mui('.mui-card').on('touchend', '.servItem', touchend)
    ...
}
...
</script>
...
</body>
```

在"编辑"按钮按下时，绑定这 3 个事件。

```
<body>
    ...
    <script type="text/javascript">
    ...
        function touchstart(e) {}
        function touchmove(e) {}
        function touchend(e) {}
    </script>
    ....
</body>
```

在"保存"按钮按下时，移除这 3 个事件。

```
<script type="text/javascript">
    ...
    $('#btnSave').click(e => {
        ...
        mui('.mui-card').off('longtap','.servItem',longTap)
        mui('.mui-card').off('touchstart', '.servItem', touchstart)
        mui('.mui-card').off ('touchmove', '.servItem', touchmove)
        mui('.mui-card').off ('touchend', '.servItem', touchend)
        ...
    }
    ...
</script>
```

在拖拽开始时判断，根据分析理解，当前拖拽元素为弹起元素时才可进行拖拽，否则移除弹起效果，不再进行后续操作。

```
<body>
...
    <script type="text/javascript">
    ...
        function touchstart(e) {
            let node = getNode(e.target)
            if(tapNode != node) {
                tapNode.classList.remove('eject')
                tapNode = null
                return
            }
        }
    ...
    </script>
...
</body>
```

3. 拖拽移动

记录拖拽参数。

根据分析理解，在拖拽开始时，记录当前 servItem 在坐标轴中的 X 坐标、Y 坐标，便于在移动过程中设置元素跟随手指移动。

```
<script type="text/javascript">
    ...
    function longTap(e) {
        let node = getNode(e.target)
```

```
            node.classList.add('eject')
            //记录拖拽元素
            tapNode = node
            }
    let startX = 0
    let startY = 0
    function touchstart(e) {
        let node = getNode(e.target)
        startX = e.touches[0].clientX
        startY = e.touches[0].clientY
        if(tapNode&&tapNode != node) {
            tapNode.classList.remove('eject')
            tapNode = null
            return
        }}
    }
    ...
</script>
```

☑ **说明：**

A．当触发点击事件时，事件返回 TouchEvent 对象，该对象描述手指在触摸平面上的状态变化。

B．每个对象可能包含多个触点，即 e.touches 返回一个触点列表。在此处，我们仅获取第一个触点，作为判断依据。

C．通过 e.touches[0]获取第一个触点，并可获取其 clientX 坐标与 clientY 坐标。

元素跟随手指移动。

```
<script type="text/javascript">
    function touchstart(e) {
    ...
    }
    function touchmove(e) {
        if (tapNode) {
            tapNode.style.left = e.touches[0].clientX - startX + 'px'
            tapNode.style.top = e.touches[0].clientY - startY + 'px'
        }
    }
</script>
```

说明：

A. 设置当前元素的 left 与 top 值，分别为 X 轴、Y 轴的偏移量，即可让当前元素跟随鼠标移动。

B. 由于元素可能会移出当前所属区域（#fa1 或 #fa2），因此需对区域设置样式属性：overflow: visible。

```
<style type="text/CSS">
..
    .servGrid {
        overflow: visible;
    }
</style>
```

4. 拖拽完成

拖拽完成时，判断结束位置的元素。

```
function touchend(e) {
    if (tapNode) {
        tapNode.style.left = '0px'
        tapNode.style.top = '0px'
        let endX = e.changedTouches[0].clientX
        let endY = e.changedTouches[0].clientY
        let tempNode = document.elementFromPoint(endX, endY)
    }
}
```

说明：

A. document.elementFromPoint()可返回指定坐标处于顶层的画面元素。

B. 需要注意的是，在判断之前需将拖拽对象回归移出当前区域，避免获取对象与拖拽对象重复。

C. 在获取触点位置时，需使用 changedTouches，即改变触点的集合。

D. 根据这个元素，可以设想以下三种结果。

第一，拖拽至一个区域中（当前区域或另一区域）。

第二，拖拽至另一个 servItem 对象上（当前区域或另一个区域）。

第三，未拖拽至任何有业务意义的位置。

根据元素类型，进行移动操作。

```
<script type="text/javascript">
...
function touchend(e) {
```

```
        if (tapNode) {
            tapNode.style.left = '0px'
            tapNode.style.top = '0px'
            let endX = e.changedTouches[0].clientX
            let endY = e.changedTouches[0].clientY
            let tempNode = document.elementFromPoint(endX, endY)
            if (tempNode.classList.contains('mui-card')) {
                tempNode.append(tapNode)
            } else if (getNode(tempNode).classList.contains('servItem')) {
                getNode(tempNode).before(tapNode)
            }
            startX = 0
            startY = 0
            tapNode.classList.remove('eject')
            tapNode = null
        }
    }
    ...
    <script type="text/javascript">
```

☑️ **说明:**

A. 当前元素如包含 card 类，说明其类型为一个区域，无论是本区域还是另一区域，均可通过.append()方法将元素移动至队尾。

B. 当前元素如果为另一个 servItem 对象，无论所处同一区域或不同区域，均将拖拽元素移动至当前元素前。

C. 如移动对象既非区域又非 servItem 对象，则不进行元素调整。

停止拖拽动作，还原各参数。

```
    function touchend(e) {
        ...
        let endX = e.changedTouches[0].clientX
        let endY = e.changedTouches[0].clientY
        let tempNode = document.elementFromPoint(endX, endY)
        if (tempNode.classList.contains('mui-card')) {
            tempNode.append(tapNode)
        } else if (getNode(tempNode).classList.contains('servItem')) {
            getNode(tempNode).before(tapNode)
        }
        startX = 0
        startY = 0
        tapNode.classList.remove('eject')
```

```
            tapNode.style.left = '0px'
            tapNode.style.top = '0px'
            tapNode = null
        }
```

任务 7 实现楷模新闻列表模块

任务描述

在首页下方显示楷模新闻列表和"更多新闻"按钮，楷模新闻列表内容包括标题、楷模姓名、新闻缩略图、内容（字数过多使用"..."代替）等，如果当前行为奇数行，则在列表项左侧部分显示新闻缩略图，右侧部分显示标题、楷模姓名和内容（字数过多使用"..."代替），如果当前行为偶数行，则在列表项右侧部分显示新闻缩略图，左侧部分显示标题、楷模姓名和内容（字数过多使用"..."代替），楷模新闻列表默认显示 5 条数据。

关键技术描述

1. 接口的分页请求
2. nth-child()伪类选择器的使用

制作步骤

一、页面基本元素的制作及数据获取

1. 定制基本页面元素

定制首页页面基本的画面元素，如图 B-7-1 所示，在 home.html 文件的<body></body>标签中添加以下代码。

```
    <body>
        ...
        <div style="padding: 0.5rem;">
            <div class="mui-card flex-row" style="height: 100px;">
                <div style="margin: 1rem;">
```

```
                    <div class="big-text" style="color: #CF2D28;">楷模</div>
                    <div class="big-text">公告</div>
            </div>
            <div class="line-col"></div>
            <div style="width: 1px; flex: 1 1 auto;" id="notice"></div>
        </div>
        <div class="mui-card servGrid">
            <div class="servItem" id="more" onclick="mui.openWindow
('more.html')">
                <img src="../../images/img_home_more_list.png">
                <span>更多</span>
            </div>
        </div>
        <div style="display: flex;align-items: center;padding: 10px;">
            <div class="red-text">楷模新闻</div>
            <div style="margin-left: auto;">更多新闻</div>
            <span class="mui-icon mui-icon-arrowright"></span>
        </div>
        <div class="itemList" id="modelList"></div>
    </div>
    ...
</body>
```

图 B-7-1　楷模页面基本元素

2. 获取接口数据

根据接口文档，找到楷模新闻列表的接口信息，如图 B-7-2 所示。

请求地址：/appModel/app-o/list

请求方式：GET

```
2.7.3 查询楷模列表
接口地址
GET    /appModel/app-o/list
接口描述
请求数据类型


响应数据类型
*/*
```

图 B-7-2　楷模新闻列表的接口信息

根据接口文档，虽然本接口请求参数不含分页参数，但我们可以对分页参数进行定义。获取分页数据，我们需要在首页 home.html 文件中的<script type="text/javascript"></script>标签中编写请求接口，代码如下。

```html
<body>
    ...
    <script type="text/javascript">
    ...
    let pageSize = 5
    let pageNum = 1
    function getNewsData() {
    mui.ajax(`http://124.93.196.45:10091/Neusoft/times-model/
appModel/app-o/list?pageSize=${pageSize}&pageNum=${pageNum}`, {
            dataType: 'json', //服务器返回json格式数据
            type: 'get', //HTTP请求类型
            timeout: 10000, //超时时间设置为10秒
            success: function(res) {
                console.log(res)
            }
        });
    }
getNewsData()
```

```
      </script>
      ...
   </body>
```

说明：

A. 根据题意，首页显示 5 条数据，且每次加载 5 条，因此设置 pageSize 参数为 5。

B. 初始时获取第一页数据，因此 pageNum 初始值为 1。

二、楷模新闻列表渲染

在对楷模新闻列表进行渲染时，我们需要对首页 home.html 文件中的<script type="text/javascript"></script>标签进行修改，对应代码如下。效果如图 B-7-3 所示。

```
      <body>
      ...
      <script type="text/javascript">
      ...
      function getNewsData() {
mui.ajax(`http://124.93.196.45:10091/Neusoft/times-model/appModel/app-o/li
st?pageSize=${pageSize}&pageNum=${pageNum}`, {
            dataType: 'json', //服务器返回json格式数据
            type: 'get', //HTTP请求类型
            timeout: 10000, //超时时间设置为10秒
            success: function(res) {
               res.rows.forEach(e => {
                  document.getElementById("modelList").innerHTML += `
                  <div class="mui-card">
                     <img src="${'http://124.93.196.45:10091/Neusoft/
times-model/'+e.picPath}">
                        <div class="meta">
                           <div class="big-text no-wrap">${e.title}</div>
                           <div class="small-text" style="margin: 0.5rem
0;">楷模姓名:${e.modelName}</div>
                           <div class="no-wrap">${e.content}</div>
                        </div>
                  </div>`
               })
            }
         });
      }
      getNewsData()
```

```
            </script>
            ...
            </body>
```

☑ **说明**:

通过控制台观察返回值结构，可发现取得的数据为数组形式，需通过 forEach()方法循环渲染至画面。

图 B-7-3　楷模新闻列表

三、列表样式完善

根据"任务描述"要求，要实现奇数行显示左图右字、偶数行显示右图左字，可在 CSS 文件目录下的 common.css 文件中添加如下样式。

```
        .itemList .mui-card {
            display: flex;
            flex-direction: row-reverse;
        }


        .itemList .mui-card:nth-child(odd) {
            flex-direction: row;
```

```
    }

    .itemList img {
        width: 30%;
        height: 100px;
    }

    .itemList .meta {
        width: 70%;
    }
```

☑ **说明：**

A．nth-child(odd)伪类选择器用于选择父元素的奇数子元素。

B．属性 flex-direction: row;可设置子元素为横向正序显示，而属性 flex-direction: row-reverse;则设置了所有子元素以横向逆序显示。

进阶提升

一、完整要求及分析

1．完整要求

首页下方显示楷模新闻列表和"更多新闻"按钮，楷模新闻列表内容包括标题、楷模姓名、新闻缩略图、内容（字数过多使用"…"代替）等，如果当前行为奇数行，则在列表项左侧部分显示新闻缩略图，右侧部分显示标题、楷模姓名和内容（字数过多使用"…"代替），如果当前行为偶数行，则在列表项右侧部分显示新闻缩略图，左侧部分显示标题、楷模姓名和内容（字数过多使用"…"代替），楷模新闻列表默认显示 5 条数据，上滑楷模列表至底部，下方显示图标动画+"正在加载…"，并新加载 5 条楷模新闻信息，当没有更多数据可加载后，在页面底部显示"没有更多数据了"字样。

2．要求分析

当下滑至底部时，页面需显示动态加载 icon，并调用数据获取接口，再次进行数据加载。

数据加载完成后，需判断是否将所有数据加载完成。

3．难度

★★★

二、效果实现

1. 底部动态加载图标显示

在 home.html 文件中的<body></body>标签中添加如下代码，效果如图 B-7-4 所示。

```
<body>
    ...
    <div class="itemList" id="modelList"></div>
    <div id="loading" class="center small-text">
        <div class="mui-spinner"></div>
        正在加载...
    </div>
    ...
</body>
```

☑ **说明：**

mui-spinner 类提供了一个正在加载的动态图标。

图 B-7-4　正在加载的图标

2. 下滑至底部的事件监听

根据分析，页面滚动至页面底部时，我们需要继续加载新闻列表数据，因此我们需要为滚动添加监听，在 home.html 文件中的<script type="text/javascript">和</script>标签中添加如下代码。

```
<script type="text/javascript">
    …
    window.onscroll = e => {
        …
        document.getElementById("toTop").style.opacity = pageYOffset / 232
        let rect = document.getElementById("loading").
getBoundingClientRect()
        let height = document.documentElement.clientHeight
        if (rect.bottom< height) {
            getNewsData()
        }
    }
    ...
</script>
```

✅ **说明：**

A．通过 getBoundingClientRect()方法可获取加载图标的位置。

B．通过加载图标底部位置和当前页面滚动的高度的对比，可监听到当前是否滚动至页面底部。

C．当滚动至页面底部时，再次调用获取页面数据的方法 getNewsData()。

3．数据获取的修改

根据"任务描述"，在此强调页面数据获取时，需为下一页数据，因此在每次获取数据后，pageNum 应当逐次递增，我们在<script type="text/javascript"></script>标签中添加如下代码。

```
<script type="text/javascript">
...
window.onscroll = e => {
    document.getElementById("slider").style.opacity = 1 – pageYOffset / 232
    let rect = document.getElementById("loading").getBoundingClientRect()
    let height = document.documentElement.clientHeight
    if (rect.bottom< height) {
            pageNum++
        getNewsData()
    }
}...
</script>
```

当所有数据均获取完成后，需停止获取，并将底部"正在加载"按钮的显示修改为"没有更多数据了"，如图 B-7-5 所示。需要在 home.html 文件中的<script type="text/javascript"></script>标签中写入以下代码。

```
<script type="text/javascript">
...
let pageSize = 5
let pageNum = 1
let noMore = false
let loading = false

function getNewsData() {
    if (loading) return
    if (noMore) return
    mui.ajax('http://124.93.196.45:10091/Neusoft/times-mode/appModel
/app-o/list?pageSize=${pageSize}&pageNum=${pageNum}', {
        dataType: 'json', //服务器返回json格式数据
        type: 'get', //HTTP请求类型
        timeout: 10000, //超时时间设置为10秒
        success: function(res) {
            res.rows.forEach(e => {
                document.getElementById("modelList").innerHTML += `
                <div class="mui-card" onclick="mui.openWindow
('../model/detail.html?id=${e.id}')">
                    <img src="${'http://124.93.196.45:10091/Neusoft/
times-mode'+e.picPath}">
                    <div class="meta">
                        <div class="big-text no-wrap">${e.title}</div>
                        <div class="small-text" style="margin: 0.5rem 0;">
楷模姓名:${e.modelName}</div>
                        <div class="no-wrap">${e.content}</div>
                    </div>
                </div>`
            })
            if (pageSize * pageNum>= res.total) {
            noMore = true
            document.getElementById("loading").innerHTML = '没有更多
数据了'
            }
            loading = false
        },
    });
}
...
</script>
```

☑ **说明：**

A. 新增参数 noMore，当页面全部加载完成时，noMore 参数值为 true，再次调用数据

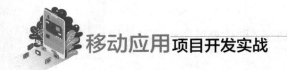

移动应用项目开发实战

加载方法 getNewsData()时直接跳出。

B. 通过接口返回值中的 total 参数，可以获知当前接口总数据量，当已经获取数据量（页数×每页条数）大于总数据量时，判定数据已全部获取。

C. 每次数据加载完成后，当前页数 pageNum 递增。

图 B-7-5　页面显示"没有更多数据了"

任务 8　实现楷模全部新闻界面

任务描述

点击"更多新闻"可以进入全部楷模新闻列表界面，列表内容包括标题、楷模姓名、新闻缩略图、内容（字数过多使用"..."代替）等，点击切换按钮，页面可以切换列表（每行一个）/栅格（每行两个）的显示方式。

当页面向上滑动至一定高度时，在屏幕右下方位置显示返回顶部图标按钮，该按钮默认透明，随着页面的上滑逐步加深至完全不透明，点击该按钮可逐渐滑动屏幕至返回顶部，返回顶部后该按钮消失。

关键技术描述

1. 通过 JQuery 选择器访问页面节点
2. 通过 mui.scrollTo() 方法实现页面滚动

制作步骤

一、创建楷模全部新闻页面

1. 创建页面

根据"任务描述"，在 pages 目录下创建 model 目录并新建 model.html 作为楷模全部新闻页面。并在 model.html 文件中写入以下代码，实现基本的楷模新闻页面，如图 B-8-1 所示。

```html
<!doctype html>
<html>
    <head>
        <meta charset="utf-8">
        <title></title>
        <meta name="viewport" content="width=device-width,initial-scale=1,minimum-scale=1,maximum-scale=1,user-scalable=no" />
        <link href="../../CSS/mui.min.CSS" rel="stylesheet" />
        <link href="../../CSS/common.CSS" rel="stylesheet" />
        <link href="../../CSS/icons-extra.CSS" rel="stylesheet" />
    </head>

    <body style="padding: 0.5rem;">
        <header class="mui-bar mui-bar-nav flex-row">
            <h1 class="mui-title">楷模列表</h1>
            <div></div>
            <span class="mui-icon mui-icon-bars" id="icoGrid"></span>
            <span class="mui-icon-extra mui-icon-extra-class" id="icoList"></span>
        </header>
        <div class="mui-content">
            <div class="itemList" id="modelList"></div>
```

```
        </div>
        <script src="../../js/mui.min.js"></script>
        <script src="../../js/jquery.min.js"></script>
        <script type="text/javascript">
            mui.init()
        </script>
    </body>
</html>
```

图 B-8-1　楷模列表页面创建

2. 制作页面跳转

当我们在首页点击"更多新闻"时，可以跳转新闻楷模表页面，因此我们在 home.html 中的<body></body>标签中添加以下代码，实现页面跳转。

```
    <body>
        ...
        <div class="flex-row">
        <div class="red-text">楷模新闻</div>
        <div style="margin-left: auto;"
        onclick="mui.openWindow('../model/model.html')">更多新闻 </div>
        </div>
        ...
    </body>
```

修改应用服务入口页面数据结构。

根据理解，在应用服务入口中，所包含的"楷模列表"入口，同样应当跳转至楷模全部新闻页面，而应用服务入口的页面跳转路径配置在对应的数据结构中。因此，此处应当调整 home.html 页面中关于 servList 的数据结构。

```
servList = [{
    name: '楷模列表',
    imgUrl: '../../images/img_home_model_list.png',
    target: '../model/model.html',
    isHide: false
}, {
    name: '英雄故事',
    imgUrl: '../../images/img_home_hero_list.png',
    target: '../template/white.html',
    isHide: false
}, {
    name: '身边英雄',
    imgUrl: '../../images/img_home_around_list.png',
    target: '../template/white.html',
    isHide: false
}, {
    name: '公益活动',
    imgUrl: '../../images/img_home_material_list.png',
    target: '../template/white.html',
    isHide: false
}, {
    name: '数据分析',
    imgUrl: '../../images/img_home_masses_list.png',
    target: '../home/analysis.html',
    isHide: false
}]
```

二、页面数据渲染

根据接口文档，找到楷模新闻列表的接口信息，如图 B-8-2 所示。

请求地址：/appModel/app-o/list

请求方式：GET

根据接口文档，直接请求可以获取完整数据，由于本题未要求进行下拉数据加载动作，因此可直接加载全部数据。在 model.html 文件的<script type="text/javascript"></script>标签中写入如下代码。

```
<script type="text/javascript">
    mui.init()
    mui.ajax('http://124.93.196.45:10091/Neusoft/times-model/appMode
l/app-o/list',{
        dataType:'json',//服务器返回json格式数据
        type:'GET',//HTTP请求类型
        timeout:10000,//超时时间设置为10秒
        success:function(data){
            console.log(data)
        }
    });
...
</script>
```

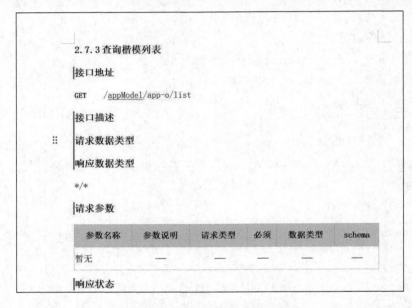

图 B-8-2　楷模列表的接口信息

　　根据"任务描述"可知，列表内容包括标题、楷模姓名、新闻缩略图、内容（字数过多使用"…"代替）等，我们对页面进行渲染，如图 B-8-3 所示。在 model.html 文件的<script type="text/ javascript"></script>标签中继续写入如下代码。

```
<script type="text/javascript">
    mui.init()
    mui.ajax('http://124.93.196.45:10091/Neusoft/times-model/appMode
l/app-o/list',{
        dataType:'json',//服务器返回json格式数据
        type:'GET',//HTTP请求类型
        timeout:10000,//超时时间设置为10秒
        success:function(data){
            data.rows.forEach(e => {
```

```
        document.getElementById("modelList").innerHTML += `
        <div class="mui-card">
        <img src="${'http://124.93.196.45:10091/Neusoft/
times-model/'+e.picPath}">
            <div class="meta">
                <div class="big-text no-wrap">${e.title}</div>
                <div class="small-text" style="margin: 0.5rem 0;">
    楷模姓名:${e.modelName}</div>
                <div class="no-wrap">${e.content}</div>
            </div>
        </div>`
            })
        }
    });
...
</script>
```

图 B-8-3 数据页面的渲染

三、显示方式切换

想要实现点击"切换"按钮，页面可以切换列表（每行一个）/栅格（每行两个）的显示方式的切换事件，如图 B-8-4 所示。我们可以在 model.html 文件中<script type="text/javascript"></script>标签中写入以下代码。

```
<script type="text/javascript">
    mui.init()
    $('#icoGrid').hide()

    $('#icoList').click(e=>{
        $('#icoList').hide()
        $('#icoGrid').show()
        $('#modelList')[0].classList.remove('itemList')
        $('#modelList')[0].classList.add('itemGrid')
    })
    $('#icoGrid').click(e=>{
        $('#icoGrid').hide()
        $('#icoList').show()
        $('#modelList')[0].classList.add('itemList')
        $('#modelList')[0].classList.remove('itemGrid')
    })
    ...
</script>
```

图 B-8-4　切换事件

☑ 说明：

A. 通过 JQuery 的 hide()及 show()方法控制元素的隐藏及显示状态，其效果等价于设置元素的 display 属性。

B. 由于项目引用了 JQuery，我们可以通过 jQuery 使用 CSS 选择器来选取 HTML 元素，如$("p")选取<p>元素；$("p.intro")选取所有 class="intro"的<p>元素；$("p#demo")选取所有 id="demo"的<p>元素。

C. 通过 document.getElementById("modelList")返回单个对象，但使用 JQuery 的 id 选择器时，根据 JQuery 机制，会返回对象数据，要获取元素对象需要使用$('#modelList')[0]。

想要实现切换效果，我们需要在 CSS 目录下的 common.css 文件中添加如下代码，以完成栅格状态的显示。

```
.itemGrid {
    display: grid;
    grid-template-columns: repeat(2, 1fr);
    grid-gap: 0.5rem;
}

.itemGrid img {
    height: 100px;
}
```

四、实现回到顶部功能

1. 添加页面元素

要实现回到顶部功能，可以先在 home.html 中的 MUI 内容区域新增向上图标元素，可以点击该元素回到顶部。

```
<body>
    ...
    <div class="mui-content">
        <span class="mui-icon mui-icon-arrowup to-top-btn"
id="toTop"></span>
        ...
    </div>
    ...
</body>
```

2. 添加样式

在 common.css 中为向上图标新增如下样式。

```
.to-top-btn {
    position: fixed;
    right: 1rem;
    bottom: 1rem;
```

```
        width: 3rem;
        height: 3rem;
        font-size: 2rem;
        background-color: #CF2D28;
        border-radius: 50%;
        color: white;
        display: flex;
        justify-content: center;
        align-items: center;
        opacity: 0;
        z-index: 99;
    }
```

3. 添加滚动事件

在 home.html 原本的滚动事件中，添加关于回到顶部的事件。

```
window.onscroll = e => {
    ...
    document.getElementById("toTop").style.opacity = pageYOffset / 232
    let rect =
document.getElementById("loading").getBoundingClientRect()
    let height = document.documentElement.clientHeight
    if (rect.bottom< height) {
        getNewsData()
    }
}
```

✔ 说明：

要求中并未明确规定向下滑动的高度，此处我们选择用 232 像素，即顶部固定区域 32 像素+轮播图高度 200 像素。

4. 添加点击事件

在 home.html 原本的事件中，添加点击事件，在<script type="text/ javascript"></script> 标签中写入以下代码。实现回到顶部功能，如图 B-8-5 所示。

```
<script type="text/javascript">
    ...
    document.getElementById('toTop').addEventListener('tap',
function() {
        mui.scrollTo(0,200)
    })
    ...
</script>
```

图 B-8-5　回到顶部

☑ **说明：**

通过 mui.scrollTo(0,200)实现页面滚动，第一个参数表示滚动位置为页面顶部，即 0；第二参数表示 200 毫秒完成页面滚动动作。

任务 9　实现楷模详情界面

任务描述

点击楷模新闻列表项可以进入对应楷模新闻详情页面，详情页面显示标题、视频、楷模名称、内容。

关键技术描述

1. 通过<video>标签展示视频
2. 页面间通过 id 参数传递

制作步骤

一、创建楷模新闻详情页面

在 model 目录下创建 detail.html 页面，作为楷模新闻详情页面，如图 B-9-1 所示。我们可以先进行基本页面代码的编写，随后在其基础上进行具体实现，基本代码页面编写的代码如下。

```html
<!doctype html>
<html>
    <head>
        <meta charset="utf-8">
        <title></title>
        <meta name="viewport"
            content="width=device-width,initial-scale=1, minimum-scale=1,
            maximum-scale=1,user-scalable=no" />
        <link href="../../CSS/mui.min.CSS" rel="stylesheet" />
        <link href="../../CSS/common.CSS" rel="stylesheet" />
        <link href="../../CSS/icons-extra.CSS" rel="stylesheet" />
    </head>

    <body style="padding: 0.5rem;">
        <header class="mui-bar mui-bar-nav">
            <a class="mui-action-back mui-icon mui-icon-left-nav
mui-pull-left"></a>
            <h1 class="mui-title">楷模详情</h1>
        </header>
        <div class="mui-content">
            <div class="mui-card" id="main"></div>
        </div>
        <script src="../../js/mui.min.js"></script>
        <script src="../../js/jquery.min.js"></script>
        <script type="text/javascript">
            mui.init()
        </script>
    </body>
</html>
```

图 B-9-1 楷模详情页面

二、页面数据渲染

1. 页面参数的传递与接收

根据"任务描述"的要求，点击楷模列表项可以进入对应楷模新闻详情页面。进入楷模新闻详情页面后，要获知具体点击的新闻项目，则需要在楷模列表页面向详情页传递对应的页面参数。

我们之前利用过 param 参数进行页面的传值，这次我们将会利用 id 进行页面的传值，接下来我们在 model.html 页面的\<script type="text/javascript"\>\</script\>标签中新增详情页跳转，并将新闻 id 作为参数，传递至详情页。

```
<script type="text/javascript">
...
mui.ajax('http://124.93.196.45:10091/Neusoft/times-model/appModel/app-o/list', {
    dataType: 'json', //服务器返回json格式数据
    type: 'GET', //HTTP请求类型
    timeout: 10000, //超时时间设置为10秒
    success: function(data) {
      data.rows.forEach(e => {
          document.getElementById("modelList").innerHTML += `
          <div class="mui-card"
onclick="mui.openWindow('detail.html?id=${e.id}')">
```

```
                    <img
src="${'http://124.93.196.45:10091/Neusoft/times-model/'+e.picPath}">
                    <div class="meta">
                        <div class="big-text no-wrap">${e.title}</div>
                        <div class="small-text" style="margin: 0.5rem 0;">
    楷模姓名:${e.modelName}</div>
                        <div class="no-wrap">${e.content}</div>
                    </div>
                </div>`
            })
        }
    });
    ...
</script>
```

根据前序课程中学过的方法,参考"任务 5 实现应用服务入口模块"中页面间的 param 参数传递,可以使用 decodeURI()对 URL 参数进行解析,再通过分割参数获取页面参数: id,在 detail.html 文件中的<script type="text/javascript"></script>标签中写入以下代码。

```
<script type="text/javascript">
    mui.init();
    let id = null
    try {
        id = decodeURI(location.search).split('?id=')[1]
    } catch (e) {}
    ...
</script>
```

2. 接口数据获取

根据接口文档,找到楷模新闻详情的请求接口,如图 B-9-2 所示。接着在 detail.html 页面请求楷模新闻详情的接口,获取楷模新闻详情数据,添加代码如下。

请求地址:/appModel/app-o/detail

请求方式:GET

请求参数:id

```
<script type="text/javascript">
    mui.init()
    let id = null
    try {
        id = decodeURI(location.search).split('?id=')[1]
        mui.ajax('http://124.93.196.45:10091/Neusoft/times-model/
appModel/app-o/detail?id=' + id,{
```

```
                dataType:'json',//服务器返回json格式数据
                type:'GET',//HTTP请求类型
                timeout:10000,//超时时间设置为10秒
                success:function(data){
                }
            });
        } catch (e) {}
...
    </script>
```

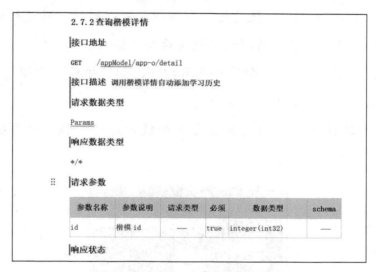

图 B-9-2　楷模详情页面

3．页面渲染

根据接口获取的返回值结构，进行页面渲染，在 detail.html 文件的<script type=
"text/javascript"></script>的标签中写入如下代码，如图 B-9-3 所示。

```
    <script type="text/javascript">
    ...
    success:function(data){
            let e = data.data
            document.getElementById("main").innerHTML = `
            <div class="title-text">${e.title}</div>
            <div id="videoContent" style="height: 200px; background-color:
black">
                <video width="100%" height="100%" id="video" controls
src="${'http://124.93.196.45:10091/Neusoft/times-model'+e.videoPath}"></vi
deo>
            </div>
            <div class="small-text center">时代楷模:${e.modelName}</div>
```

```
              <div style="line-height: 2rem;">${e.content}</div>`

    });
    ...
    </script>
```

✔ **说明：**

A. 通过<video>标签可以在页面元素中设置视频对象，其中 src 属性用于设置视频的播放 URL。

B. 此外，在<video>标签中，还通过以下属性，可以针对视频进行设置。

autoplay：如果出现该属性，则视频在就绪后马上播放。

controls：如果出现该属性，则向用户显示控件，如"播放"按钮。

muted：规定视频的音频输出应该被静音。

preload：如果出现该属性，则视频在页面加载时进行加载，并预备播放；如果使用"autoplay"，则忽略该属性。

图 B-9-3　楷模列表渲染

三、实现回到顶部功能

回到顶部功能详解可参照"任务8实现楷模全部新闻界面：四、实现首页回到顶部功能",如图 B-9-4 所示。

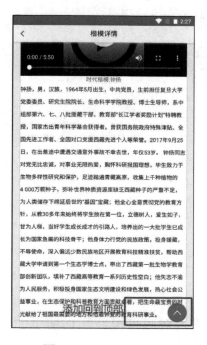

图 B-9-4　回到顶部

我们在 detail.html 添加页面元素，并在<script type="text/javascript"></script>标签中添加以下代码，实现回到顶部功能。

1. 新增页面元素

```
<body>
   ...
   <div class="mui-content">
       <div class="mui-card" id="main"></div>
       <span class="mui-icon mui-icon-arrowup to-top-btn"
id="toTop"></span>
   </div>
   ...
</body>
```

2. 添加滚动监听事件

```
<script type="text/javascript">
mui.init();
window.onscroll = e => {
    document.getElementById("toTop").style.opacity = pageYOffset / 232
}
...
</script>
```

3. 添加点击事件

```
<script type="text/javascript">
...
document.getElementById('toTop').addEventListener('tap', function() {
    mui.scrollTo(0,200)
})
...
</script>
```

进阶提升

一、完整要求及分析

1. 完整要求

点击楷模新闻列表项可以进入对应楷模新闻详情页面，详情页面显示标题、视频、楷模名称、内容，当页面上滑至视频播放部分消失时，视频播放部分移动至页面右下角浮动，并固定位置（画中画效果）。

2. 要求分析

给页面增加滚动监听，滚动至视频无法显示位置时，需更换视频显示区域。

为避免视频更改显示形式后，原视频区域高度变为 0，导致后续内容出现显示错位，需给原视频区域固定高度。

可通过在页面下方设置固定区域，根据页面滚动监听进行显示/隐藏，同时，在必要时将视频元素整体移入/移出该区域。

3. 难度

★★★

二、效果实现

1. 新增页面底部固定元素，作为画中画效果展示区域，在 detail.html 文件下的 \<body>\</body>标签中的 MUI 内容区域加入以下代码。

```
<body>
    ...
    <div class="mui-content">
        <div class="mui-card" id="main"></div>
```

```
            <span class="mui-icon mui-icon-arrowup to-top-btn" id="toTop">
</span>
            <div class="fix-video" id="fixVideo"></div>
        </div>
        ...
    </body>
```

在 CSS 目录下的 common.CSS 中增加固定页面底部的样式。

```
.fix-video {
    position: fixed;
    right: 1rem;
    height: 8rem;
    bottom: 5rem;
    width: 200px;
    background-color: black;
}
```

该元素在页面滚动至一定高度时，用于容纳<video>元素，因此，初始状态下不显示，在<script type="text/javascript"></script>标签中加入以下代码。

```
<script type="text/javascript">
...
    $('#fixVideo').hide()
...
</script>
```

2. 监听页面滚动

根据分析，我们要实现当页面上滑至视频播放部分消失时，需监听页面滚动至视频消失区域。因此要在原来的滚动监听事件中加入以下代码。

```
window.onscroll = e => {
    document.getElementById("toTop").style.opacity = pageYOffset / 232
    let rect = document.getElementById("videoContent").
getBoundingClientRect()
    if (rect.bottom< 67) {
    }else{
    }
}
```

☑ **说明：**

A. 通过 getBoundingClientRect()方法可获取视频区域的位置。

B. 当视频区域距离底部达到一定高度时（此处 67 像素为顶部标题栏高度 44 像素 + 顶部状态栏高度 23 像素），进行对应逻辑处理。

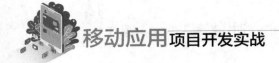

3. 页面显示切换

根据分析，处于正常情况下时，视频位于 videoContent 区域，页面滚动至视频消失时，将视频整体移至 fixVideo 区域。为此，我们在原来的滚动监听事件中继续添加如下代码，以实现画中画效果，如图 B-9-5 所示。

```javascript
<script type="text/javascript">
...
window.onscroll = e => {
    document.getElementById("toTop").style.opacity = pageYOffset / 232
    let rect =
document.getElementById("videoContent").getBoundingClientRect()
    if (rect.bottom< 67) {
        $('#fixVideo').append($('#video'))
        $('#fixVideo').show()
    } else {
        $('#videoContent').append($('#video'))
        $('#fixVideo').hide()
    }
}
...
</script>
```

图 B-9-5　视频页面滚动

任务 10 实现学习心得选项卡

任务描述

点击 App 底部导航栏的"心得",进入学习心得页面。顶部显示两个 Tab 栏,包括学习感言和学习历史,点击不同的标签切换不同的信息。

关键技术描述

顶部 Tab 的实现

制作步骤

一、创建学习感言及学习历史页面

在 experience 目录下创建学习感言 reflection.html 页面及学习历史 history.html 页面,基本页面代码如下。

```html
<!doctype html>
<html>
    <head>
        <meta charset="utf-8">
        <title></title>
        <meta name="viewport"
    content="width=device-width,initial-scale=1,minimum-scale=1,maximum-scale=1,user-scalable=no" />
        <link href="../../CSS/mui.min.CSS" rel="stylesheet" />
        <link href="../../CSS/common.CSS" rel="stylesheet" />
        <link href="../../CSS/icons-extra.CSS" rel="stylesheet" />
    </head>
    <body style="padding: 0.5rem;">
        <div class="mui-content"></div>
        <script src="../../js/mui.min.js"></script>
```

```
        <script src="../../js/jquery.min.js"></script>
        <script type="text/javascript">
            mui.init()
        </script>
    </body>
</html>
```

二、添加顶部 Tab 栏

在 experience.html 中创建 Tab 栏，默认选中学习感言。

在 <body></body> 标签里的 <header class="mui-bar mui-bar-nav"></header> 标签中添加以下代码。

```
    <body>
    <header class="mui-bar mui-bar-nav">
        <a class="mui-action-back mui-icon mui-icon-left-nav
mui-pull-left"></a>
        <h1 class="mui-title">学习心得</h1>
        <div class="mui-segmented-control mui-segmented-control-inverted"
style="position: relative; top: 44px;">
            <a class="mui-control-item mui-active">学习感言</a>
            <a class="mui-control-item">学习历史</a>
        </div>
    </header>
    ...
    </body>
```

☑ **说明：**

A. 给页面元素添加 mui-segmented-control 和 mui-segmented-control-inverted 这两个class 可以实现 Tab 栏的切换功能。

B. 给其子元素添加 mui-control-item 可加大文字间距。

在 CSS 目录下的 common.CSS 文件中，我们为 Tab 栏添加样式，实现当前选中 Tab 栏与示例图中一致效果，如图 B-10-1 所示。

```
    .mui-segmented-control.mui-segmented-control-inverted .mui-control-i
tem.mui-active {
        color: #CF2D28;
        border-bottom: 2px solid #CF2D28;
    }
```

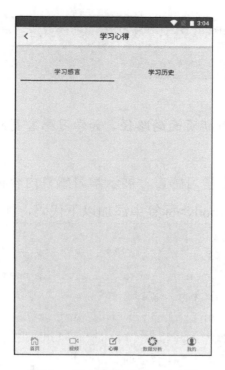

图 B-10-1　添加顶部 Tab 栏

三、添加 Tab 栏切换事件

顶部 Tab 栏的制作同页面底部导航栏制作方式类似，详细描述可参照"任务3实现底部导航功能：二、添加 Tab 栏切换事件"。

我们可以在 experience.html 文件里的<script type="text/javascript"></script>标签中添加代码，引入学习感言、学习历史页面路径，通过遍历循环的方式，使用 plus.webview.create 方法进行 webview 的载入。

```
<script type="text/javascript">
    mui.init();
    mui.plusReady(function() {
        let subPages = ['reflection.html', 'history.html']
        let self = plus.webview.currentWebview()
        subPages.forEach(e => {
            let curr = plus.webview.create(e, e, {
                top: '122px',
                bottom: '0px'
            })
            curr.hide()
            self.append(curr)
        })
```

```
        plus.webview.show(subPages[0])
    })
</script>
```

☑ **说明:**

其中 subPages 数组中存放新页面的路径,如学习感言页面路径为 reflection.html,学习历史页面路径为 history.html。

绑定点击事件,实现点击学习感言,展示学习感言内容视图,点击学习历史,展示学习历史内容视图。在\<body>\</body>标签中添加以下代码,如图 B-10-2 所示。

```
<body>
...
<div class="mui-segmented-control mui-segmented-control-inverted"
style="position: relative; top: 44px;">
    <a class="mui-control-item mui-active"
onclick="plus.webview.show('reflection.html')">学习感言</a>
    <a class="mui-control-item"
onclick="plus.webview.show('history.html')">学习历史</a>
</div>
...
</body>
```

图 B-10-2　添加 Tab 栏切换事件

任务 11 实现学习感言列表页

任务描述

学习感言列表包括感言标题、感言内容（字数过多使用"..."代替），默认显示 10 条数据，当页面下滑至底部时显示图标动画和"正在加载..."，并继续进行查询，每次添加 10 条数据，所有数据全部加载完成后，在底部显示"没有更多数据了"字样。左滑列表项时显示"删除"按钮，点击该按钮弹出对话框，对话框文字内容为："是否删除该学习感言？"下方包含"确定"和"取消"按钮，点击"确定"，删除该条学习感言，删除成功后并关闭对话框，点击"取消"则仅关闭对话框（可以在不调用感言信息删除接口的情况下，实现该条信息假删除效果即可）。

关键技术描述

左滑事件的监听

制作步骤

一、学习感言页面渲染

根据接口文档，获取学习感言的接口信息，如图 B-11-1 所示。

请求地址：/appStudy/app/statementList

请求方式：GET

pageSize：每页数据条数

pageNum：当前页数

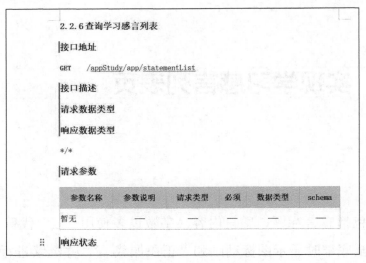

图 B-11-1　查询学习感言列表

通过请求查询学习感言列表接口，获取学习感言列表数据。在 reflection.html 文件中的 <script type="text/javascript"></script>标签中请求查询学习感言列表接口，添加以下代码。

```html
<script type="text/javascript">
mui.init()
let pageSize = 10
let pageNum = 1
function getData() {

mui.ajax(`http://124.93.196.45:10091/Neusoft/times-model/appStudy/app/statementList`, {
        data: {
            pageSize:pageSize,
            pageNum:pageNum
        },
        dataType: 'json', //服务器返回json格式数据
        type: 'GET', //HTTP请求类型
        timeout: 10000, //超时时间设置为10秒
        success: function(res) {}
    })
}
getData()
</script>
```

根据以上方式进行接口请求时，我们会在控制台发现请求失败，返回错误信息："请求访问：/appStudy/app/statementList，认证失败，无法访问系统资源"。重新阅读接口文档，发现该接口需要用户统一身份识别令牌：token。因此，需要在请求头 header：中添加 token，

以获取数据权限。

```
        mui.ajax(`http://124.93.196.45:10091/Neusoft/times-model/appStudy/ap
p/statementList`, {
        headers: {
            Authorization: localStorage.getItem('token'),
        },
        data: {
            pageSize:pageSize,
            pageNum:pageNum
        },
    }
```

☑ **说明：**

A. 根据接口文档，token 应当存放在 header 中的 Authorization 字段中。

B. 由于在登录时，我们已经将 token 存储在本地浏览器存储 localStorage 中；因此，在此处通过 localStorage.getItem('token')获取。

创建页面列表元素，需要在 reflection.html 文件中的<body></body>标签中的 MUI 区域内容中写入以下代码。

```
    <body>
        ...
        <div class="mui-content">
            <ul class="mui-table-view" style="background-color:
transparent;" id="reflectionList"></ul>
        </div>
        ...
    </body>
```

☑ **说明：**

A. 根据示例图，学习感言列表并非图文结构，可使用 mui 的列表组件。

B. 在列表组件中，<ul>标签加入 mui-table-view 类，<li>标签加入 mui-table-view-cell 类。

根据接口获取的返回值结构进行页面渲染，在请求查询学习感言列表接口中添加如下代码，学习感言信息获取。如图 B-11-2 所示。

```
    function getData() {
        mui.ajax(`http://124.93.196.45:10091/Neusoft/times-model/appStud
y/app/statementList`, {
            headers: {
                Authorization: localStorage.getItem('token'),
            },
            data: {
```

制作"时代楷模"App｜模块 B

· 265 ·

```
                pageSize:pageSize,
                pageNum:pageNum
        },
        dataType: 'json', //服务器返回json格式数据
        type: 'GET', //HTTP请求类型
        timeout: 10000, //超时时间设置为10秒
        success: function(res) {
            res.rows.forEach(e => {
                document.getElementById("reflectionList").innerHTML += `
                <li class="mui-table-view-cell" style="padding: 0;"
id="item${e.id}">
                    <div class="mui-slider-right mui-disabled">
                        <a class="mui-btn mui-btn-red">删除</a>
                    </div>
                    <div class="mui-slider-handle mui-card">
                        <div class="big-text no-wrap">${e.title}</div>
                        <div class="no-wrap" style="margin-top:
1rem;">${e.content}</div>
                    </div>
                </li>`
            })
        }
    })
```

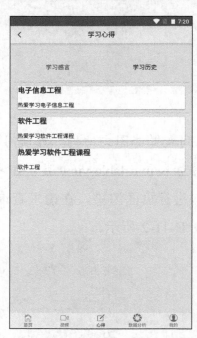

图 B-11-2　学习感言信息获取

☑ **说明：**

如未出现学习感言列表渲染，也可能是用户学习感言列表无数据，可根据接口文档自行增加数据。

二、学习感言列表数据下拉加载

学习感言列表数据下拉加载的功能制作可参照"任务7实现楷模新闻列表模块：进阶提升"。

1. 底部动态加载图标显示

需要在 reflection.html 文件中的 `<body></body>` 标签中 MUI 内容区域添加下列代码，实现"正在加载"的效果，如图 B-11-3 所示。

```html
<body>
    ...
    <div class="mui-content">
        <ul class="mui-table-view" style="background-color:
transparent;" id="reflectionList"></ul>
        <div id="loading" class="center small-text">
            <div class="mui-spinner"></div>
            正在加载...
        </div>
    </div>
    ...
</body>
```

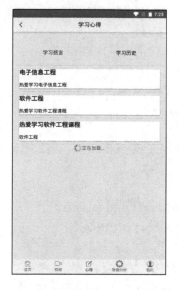

图 B-11-3　底部显示正在加载图标

2. 下滑至底部的事件监听

当我们下滑页面时，需要继续进行查询，每次添加 10 条数据，因此需要添加滚动事件监听，在 reflection.html 文件中的<script type="text/javascript"></script>标签里添加下列代码。

```
<script type="text/javascript">
...
window.onscroll = e => {
    let rect = document.getElementById("loading").
getBoundingClientRect()
    let height = document.documentElement.clientHeight
    if (rect.bottom< height) {
        pageNum++
        getData()
    }
}
...
</script>
```

3. 数据获取的修改

在 reflection.html 文件中的<script type="text/javascript"></script>标签里添加下列代码，实现"没有更多数据了"的效果，如图 B-11-4 所示。

```
<script type="text/javascript">
    …
    let pageSize = 10
    let pageNum = 1
    let noMore = false
    let loading = false
    function getData() {
        if (loading) return
        if (noMore) return
        loading = true
        mui.ajax('http://124.93.196.45:10091/Neusoft/times-model/
appStudy/app/statementList', {
                headers: {
                    Authorization: localStorage.getItem('token'),
                },
                data: {
                    pageSize:pageSize,
                    pageNum:pageNum
                },
                dataType: 'json', //服务器返回json格式数据
                type: 'get', //HTTP请求类型
                timeout: 10000, //超时时间设置为10秒;
```

```
                    success: function(res) {
                        let curr = pageYOffset
                        res.rows.forEach(e => {
                            document.getElementById("reflectionList").
innerHTML += `
                            <li class="mui-table-view-cell" style="padding:
0;" id="item${e.id}">
                                <div class="mui-slider-handle mui-card">
                                    <div class="big-text no-wrap">${e.title}
</div>
                                    <div class="no-wrap" style="margin-top:
1rem;">${e.content}</div>
                                    <a class="mui-btn mui-btn-red">删除</a>
                                </div>
                            </li>`
                        })
                        mui.scrollTo(curr,10)
                        if (pageSize * pageNum>= res.total) {
                            noMore = true
                            document.getElementById("loading").innerHTML = '
没有更多数据了'
                        }
                        loading = false
                    }
                })
        ...
    </script>
```

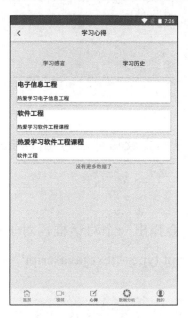

图 B-11-4　数据获取

☑ **说明：**

A. 在加载更多数据前，记录当前页面滚动位置：pageYOffset。

B. 在完成页面加载后，由于页面高度被加大，页面滚动位置发生变更，需要回到之前记录的位置。

三、学习感言数据的假删除

1. 添加删除事件

为删除文本添加删除事件，需要在 reflection.html 文件里的<script type="text/javascript"></script>标签里添加以下代码。

```
<script type="text/javascript">
...
res.rows.forEach(e => {
    document.getElementById("reflectionList").innerHTML += `
    <li class="mui-table-view-cell" style="padding: 0;"
id="item${e.id}">
        <div class="mui-slider-handle mui-card">
            <div class="big-text no-wrap">${e.title}</div>
            <div class="no-wrap" style="margin-top:
1rem;">${e.content}</div>
            <a class="mui-btn mui-btn-red" onclick="delItem(${e.id})">
删除</a>
        </div>
    </li>`
})
...
</script>
```

☑ **说明：**

在每个<li>标签中加入该学习感言数据对应的id，以 item+id 的形式记录于画面元素中，便于后续针对该数据进行操作。

2. 确认对话框的设置

当我们点击"删除"之后，会弹出一个对话框，对于添加确认对话框的设置事件，需要在 reflection.html 文件里的<script type="text/javascript"></script>标签里写入以下代码，确认对话框效果如图 B-11-5 所示。

```
<script type="text/javascript">
    ...
```

```
        function delItem(id) {
            mui.confirm('是否删除该学习感言', '提示', ['取消', '确定'],
function(e) {
            }, 'div')
        }
    </script>
```

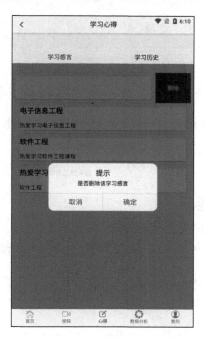

图 B-11-5　确认对话框

☑ **说明：**

确认对话框参照 mui 中 dialog 控件下的 confirm 组件。具体使用方法为 .confirm(message, title, btnValue, callback [, type])，如表 B-11-1 所示。

表 B-11-1　确认对话框参照 mui 中 dialog 控件下的 confirm 组件

属性	类型	说明
message	String	提示对话框上显示的内容
title	String	提示对话框上显示的标题
btnValue	String	提示对话框上按钮显示的内容
callback	Function	提示对话框上关闭后的回调函数
type	'div'	是否使用 h5 绘制的对话框

3. 实现假删除

对于实现假删除事件，需要在 reflection.html 文件里的删除事件中继续编写假删除，添加以下代码。

```
function delItem(id) {
    mui.confirm('是否删除该学习感言', '提示', ['取消', '确定'], function(e) {
        if (e.index == 1) {
            $('#item' + id).hide()
        }
    }, 'div')
}
```

☑ **说明：**

A． 回调函数中，e.index 的值为 1，表示用户选择确认按钮，需要执行假删除操作。

B． 由于之前在画面元素中记录了每条数据的对应的 id，此处只需要找到该条记录，将其隐藏。

四、实现回到顶部功能

回到顶部功能详解可参照"任务 8 实现楷模全部新闻界面：四、实现回到顶部功能"，如图 B-11-6 所示。

1．添加页面元素

为页面添加向上图标元素，需要在 reflection.html 文件里的<body></body>标签中添加以下代码。

```
<body>
    ...
    <div class="mui-content">
        <span class="mui-icon mui-icon-arrowup to-top-btn"
            id="toTop"></span>
        <ul class="mui-table-view" style="background-color: transparent;"
            id="statementList"></ul>
        <div id="loading" class="center small-text">
            <div class="mui-spinner"></div>
            正在加载...
        </div>
    </div>
    ...
</body>
```

图 B-11-6　实现回到顶部功能

2. 添加滚动事件

对页面向上图标元素添加滚动事件，实现其透明度的变化，我们需要在 reflection.html 文件里的<script type="text/javascript"></script>标签中滚动监听事件继续添加以下代码。

```
<script type="text/javascript">
    ...
    window.onscroll = e => {
        document.getElementById("toTop").style.opacity = pageYOffset / 232
        let rect = document.getElementById("loading").
getBoundingClientRect()
        let height = document.documentElement.clientHeight
        if (rect.bottom< height) {
            getData()
        }
    }
    ...
</script>
```

3. 添加点击事件

为页面向上图标元素添加点击事件，实现点击回到顶部功能，需要在 reflection.html 文件里的<script type="text/javascript"></script>标签中添加以下代码。

```
<script type="text/javascript">
    ...
```

```
            window.onscroll = e => {
                document.getElementById("toTop").style.opacity = pageYOffset / 232
                let rect = document.getElementById("loading").
getBoundingClientRect()
                let height = document.documentElement.clientHeight
                if (rect.bottom< height) {
                    getData()
                }
            }
            document.getElementById('toTop').addEventListener('tap',
function() {
                mui.scrollTo(0,200)
            })
            ...
        </script>
```

五、添加新建感言按钮

为页面添加"新建感言"按钮，如图 B-11-7 所示，并实现跳转页面，需要在 reflection.html 文件里的<body> </body>标签中添加以下代码。

```
    <body>
        <div class="mui-content">
        ...
        <div class="center newReflection"
        onclick="mui.openWindow('../template/white.html?param=新建感言')">
            新建感言
        </div>

        </div>
        ...
    </body>
```

☑ **说明：**

由于没有要求制作新建感言页面，因此此处跳转至空页面，通过参数 param 修改空页面标题。

在 CSS 目录下 common.CSS 文件中为新建感言元素添加样式。

```
    .newReflection {
        z-index: 99;
        background-color: #CF2D28;
        color: white;
```

```
    position: fixed;
    left: 0;
    right: 0;
    bottom: 5rem;
    margin: 0 auto;
    width: 200px;
    height: 40px;
    border-radius: 20px;
}
```

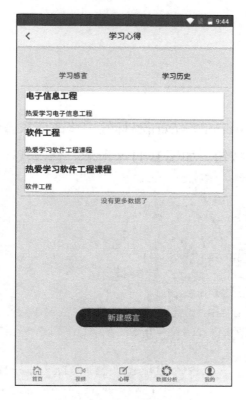

图 B-11-7　添加"新建感言"按钮

进阶提升

一、完整要求及分析

1. 完整要求

学习感言列表包括感言标题、感言内容（字数过多使用"…"代替），默认显示 10 条数据，当页面上滑至底部时显示图标动画+"正在加载…"，并继续进行查询，每次添加 10 条数据，所有数据全部加载完成后，在底部显示"没有更多数据了"字样。左滑列表项时

移动应用**项目开发实战**

显示"删除"按钮，点击该按钮弹出对话框，对话框文字内容为："是否删除该学习感言?"下方包含"确定"和"取消"按钮，点击"确定"，删除该条学习感言，删除成功后显示"删除成功"字样并关闭对话框，点击"取消"则仅关闭对话框（可以在不调用感言信息删除接口的情况下，实现该条信息假删除效果即可）。

2. 要求分析

"删除"按钮在页面渲染时不可见，通过滑动触发列表项删除菜单。

3. 难度

★

二、效果实现

在<script type="text/javascript"></script>标签中修改请求查询学习感言列表接口，实现左滑列表项时显示"删除"按钮，如图 B-11-8 所示，修改代码如下。

```
<script type="text/javascript">
    …
    function getData() {
        …
        success: function(res) {
            let curr = pageYOffset;
            res.rows.forEach(e => {
                document.getElementById("reflectionList").innerHTML += `
                <li class="mui-table-view-cell" style="padding: 0;"
id="item${e.id}">
                    <div class="mui-slider-right mui-disabled">
                        <a class="mui-btn mui-btn-red" onclick=
"delItem(${e.id})">删除</a>
                    </div>
                    <div class="mui-slider-handle mui-card">
                        <div class="big-text no-wrap">${e.title}
</div>
                        <div class="no-wrap" style="margin-top:
1rem;">${e.content}</div>
                    </div>
                </li>`
            })
        })
    }
    ...
</script>
```

✓ **说明：**

根据 MUI 中的左滑显示"删除"按钮功能可实现本效果。只需在"删除"按钮对应的 <a> 标签外侧的 <div> 中加入 mui-slider-right 和 mui-disabled 类。

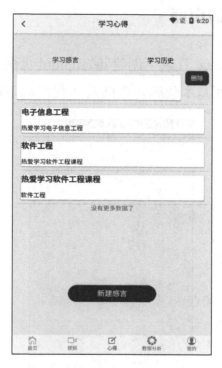

图 B-11-8　左滑显示"删除"按钮

任务 **12** 实现学习感言详情页

任务描述

点击学习感言列表项，进入学习感言详情页面，页面包含学习感言的图片、标题、内容等信息，左滑/右滑可以切换至下一条/上一条学习感言详情。

关键技术描述

通过轮播组件实现详情页左右滑动

制作步骤

一、创建学习感言详情页面

在 pages 目录里的 experience 目录下创建 detail.html 页面，作为学习感言的详情页面，如图 B-12-1 所示，并编写页面基本代码，页面基本代码如下所示。

图 B-12-1　学习感言的详情页面

```
<!doctype html>
<html>
    <head>
        <meta charset="utf-8">
        <title></title>
        <meta name="viewport"content="width=device-width,
initial-scale=1,minimum-scale=1,maximum-scale=1,user-scalable=no" />
        <link href="../../CSS/mui.min.CSS" rel="stylesheet" />
        <link href="../../CSS/common.CSS" rel="stylesheet" />
        <link href="../../CSS/icons-extra.CSS" rel="stylesheet" />
    </head>

    <body style="padding: 0.5rem;">
        <header class="mui-bar mui-bar-nav">
            <a class="mui-action-back mui-icon mui-icon-left-nav
mui-pull-left"></a>
            <h1 class="mui-title">感言</h1>
```

```
        </header>
        <div class="mui-content">
        </div>
        <script src="../../js/mui.min.js"></script>
        <script src="../../js/jquery.min.js"></script>
        <script type="text/javascript">
            mui.init()
        </script>
    </body>
</html>
```

二、学习感言页面渲染

1. 页面参数的传递与接收

在 reflection.html 页面里的<script type="text/javascript"></script>标签的新增详情页跳转，并将感言 id 作为参数，传递至详情页。

```
    <script type="text/javascript">
        …
        function getData() {
            …
            res.rows.forEach(e => {
                document.getElementById("reflectionList").innerHTML += `
                    <li class="mui-table-view-cell" style="padding: 0;"
id="item${e.id}">
                        <div class="mui-slider-right mui-disabled">
                            <a class="mui-btn mui-btn-red"
onclick="delItem(${e.id})">删除</a>
                        </div>
                        <div class="mui-slider-handle mui-card"
onclick="mui.openWindow('detail.html?id=' + ${e.id})">
                            <div class="big-text no-wrap">${e.title}</div>
                            <div class="no-wrap" style="margin-top:
1rem;">${e.content}</div>
                        </div>
                    </li>`
            })
            ...
        }
        ...
    </script>
```

根据前序课程中学过的方法，参考"任务9 实现楷模详情界面"中"页面间的 id 参数传递"，可以使用 decodeURI() 对 URL 参数进行解析，再通过分割参数获取页面参数 id 并在 detail.html 页面里的 <script type="text/javascript"></script> 标签里来实现。

```
<script type="text/javascript">
    mui.init()
    let id = null
    try {
        id = decodeURI(location.search).split('?id=')[1]
    } catch (e) {}
</script>
```

2. 轮播组件渲染

根据"任务描述"的要求，详情页可以通过左滑、右滑动作进行切换，故此处详情页的页面构建需参照首页轮播图的形式构建。我们需要在 detail.html 文件里的 <body></body> 标签和 <script type="text/javascript"></script> 标签中分别写入。

我们在页面中创建轮播图元素，在 <body></body> 标签中添加如下代码。

```
<body>
    ...
    <div class="mui-content">
        <div class="mui-slider" id="slider">
            <div class="mui-slider-group" id="sliderList"></div>
        </div>
    </div>
    ...
</body>
```

进入详情页面时，需要将学习感言列表接口一次性加载完整列表，因此当接收 id 参数后，需要请求学习感言数据列表，以便后续渲染页面，在 <script type="text/javascript"></script> 标签中添加如下代码。

```
<script type="text/javascript">
    mui.init()
    let id = null
    try {
        id = decodeURI(location.search).split('?id=')[1]
        mui.ajax('http://124.93.196.45:10091/Neusoft/times-model/
appStudy/app/statementList', {
            headers: {
                Authorization: localStorage.getItem('token'),
            },
```

```
                dataType: 'json', //服务器返回json格式数据
                type: 'GET', //HTTP请求类型
                timeout: 10000, //超时时间设置为10秒
                success: function(res) {
                },
            });
        } catch (e) {}

        ...
    </script>
```

在成功获取数据之后，我们就可以将页面包含学习感言的图片、标题、内容等信息的完整列表渲染至轮播元素中，在<script type="text/javascript"></script>标签中添加如下代码。

```
    <script type="text/javascript">
        ...
        success: function(res) {
            arr = res.rows
            document.getElementById("sliderList").innerHTML = ''
            document.getElementById("sliderList").innerHTML += '<div class=
"mui-slider-item"></div>'
            res.rows.forEach(e => {
                document.getElementById("sliderList").innerHTML += `
                <div class="mui-slider-item mui-card">
                    <div class="title-text">${e.title}</div>
                    <img src="../../images/yuantiao.jpg">
                    <div style="line-height: 2rem;">${e.content}</div>
                </div>`
            })
            document.getElementById("sliderList").innerHTML += '<div
class="mui-slider-item"></div>'
        },
        ...
    </script>
```

☑ **说明：**

根据要求，当滑到第一页及最后一页时，需弹出对应提示，故在轮播组件第一页及最后一页加入空白页，以便后续逻辑使用。

3. 轮播图设置

（1）调整当前页

根据 id 可获知当前页面应当显示的学习感言，因此需获取 id 在列表中的位置，并设置

轮播组件播放页码。我们需要在 detail.html 页面里的<script type="text/javascript"></script>标签里添加如下代码。

```
<script type="text/javascript">
...
    document.getElementById("sliderList").innerHTML += '<div class=
"mui-slider-item"></div>'
    res.rows.forEach(e => {
        document.getElementById("sliderList").innerHTML += `
        <div class="mui-slider-item mui-card">
            <div class="title-text">${e.title}</div>
            <img src="../../images/yuantiao.jpg">
            <div style="line-height: 2rem;">${e.content}</div>
        </div>`
    })
    document.getElementById("sliderList").innerHTML += '<div
class="mui-slider-item"></div>'
    mui('.mui-slider').slider().gotoPage(arr.findIndex(e => e.id == id) + 1)
...
</script>
```

☑ 说明：

A. 通过 js 的.findIndex()方法可以获取指定元素在列表中所处的位置。由于在页面最初位置加入了空页面，因此获取的下标应当+1。

B. 通过轮播组件的 gotoPage()方法可以设置轮播组件的当前播放页码。

（2）清空轮播动画

由于 gotoPage()方法会触发轮播图动画效果，因此在设置页码同时，应当清除播放动画，避免在进入页面时，用户体验受到影响。在轮播图调整当前页面的情形下设置清空轮播动画效果，在 detail.html 页面里的<script type="text/javascript"></script>标签中添加以下代码，实现轮播图的设置如图 B-12-2 所示。

```
<script type="text/javascript">
    ...
    mui('.mui-slider').slider().gotoPage(arr.findIndex(e => e.id == id) + 1)
    $('.mui-slider .mui-slider-group')[0].style.transitionDuration = '0ms'
    ...
</script>
```

图 B-12-2　实现轮播图的设置

三、监听轮播滑动事件

根据"任务描述",要实现左滑/右滑可以切换至下一条/上一条学习感言详情,需要实现监听轮播滑动事件,在 detail.html 文件里的<script type="text/javascript"></script>标签中添加如下代码。

```
<script type="text/javascript">
...
document.getElementById("slider").addEventListener('slide', e => {
    let i = e.detail.slideNumber
    if (!i) {
        mui.toast('已经是第一条了')
        mui('.mui-slider').slider({}).gotoItem(1)
        return
    }
    if (i == arr.length + 1) {
        mui.toast('已经是最后一条了')
        mui('.mui-slider').slider({}).gotoItem(arr.length)
        return
    }
    id = arr[i - 1].id
```

```
        })
        ...
    </script>
```

☑ **说明：**

A. 通过对轮播组件的 slide 事件进行监听，可以获取用户针对轮播组件的左右滑动事件。

B. 当滑动到第一页时（空白页），弹出提示，并将轮播组件页码设置为第二页。

C. 当滑动到最后一页时（空白页），弹出提示，并将轮播组件页码设置为倒数第二页。

四、实现回到顶部功能

1. 新增页面元素

我们需要在 detail.html 文件里的\<body>\</body>标签中的 MUI 内容区域添加以下代码，来实现新增页面元素回到顶部功能。

```
    <body>
        ...
        <div class="mui-content">
            <span class="mui-icon mui-icon-arrowup to-top-btn"
id="toTop"></span>
            <div class="mui-slider" id="slider">
                <div class="mui-slider-group" id="sliderList"></div>
            </div>
        </div>
        ...
    </body>
```

2. 添加滚动监听事件

在 detail.html 页面里添加页面的滚动监听事件，我们需要在\<script type="text/javascript">\</script>标签中添加以下代码。

```
    <script type="text/javascript">
    ...
    window.onscroll = e => {
        document.getElementById("toTop").style.opacity = pageYOffset / 232;
    }
    ...
    </script>
```

3. 添加点击事件

添加页面的点击事件，我们继续在\<script type="text/javascript">\</script>标签中添加下

列代码，实现回到顶部功能。

```javascript
<script type="text/javascript">
    window.onscroll = e => {
        document.getElementById("toTop").style.opacity = pageYOffset / 232;
    }
    document.getElementById('toTop').addEventListener('tap', function() {
        mui.scrollTo(0,200)
    })
    ...
</script>
```

任务 13 实现学习历史模块（列表增、删、改、查功能）

任务描述

学习历史列表包括学习内容标题、楷模新闻阅读时间、内容（字数过多用"..."代替）等。学习内容下方有"添加笔记"按钮，点击"添加笔记"按钮可添加、编辑、删除当前用户对于该楷模新闻的学习笔记，默认显示 10 条数据，当页面下滑至底部时显示图标动画和"正在加载..."，并继续进行查询，每次添加 10 条数据，所有数据全部加载完成后，在底部显示"没有更多数据了"字样。双击列表项可以对该条学习历史的笔记进行删除操作，若该条学习历史无笔记，则显示"该学习历史暂无笔记"的字样。点击学习历史列表项，可以进入该学习历史对应的楷模新闻详情页面，页面包含标题、视频、内容、学习笔记等，左滑/右滑可以切换至下一条/上一条数据。当学习历史对应的楷模新闻详情页面向下滑动至一定高度时，在屏幕右下方位置显示返回顶部按钮（图标按钮），该按钮默认透明，随着页面的上滑逐步加深至完全不透明。点击该按钮可逐渐滑动屏幕至返回顶部，返回顶部后该按钮消失。

关键技术描述

1. POST 接口的调用

2．递归的作用及实现

3．JavaScript 对象与 json 字符串的互相转换

4．页面间多个参数的传递方式

5．双击 doubleTap() 的实现

制作步骤

一、实现学习历史页面渲染

在以往的任务中，创建了 history.html 页面，并编写了基础页面，我们将根据"任务描述"实现学习历史列表，包括学习内容标题、楷模新闻阅读时间、内容（字数过多用"..."代替）等。

根据接口文档，找到学习历史的请求接口，如图 B-13-1 所示。

请求地址：/appStudy/app/historyList

请求方式：GET

pageSize：每页数据条数

pageNum：当前页数

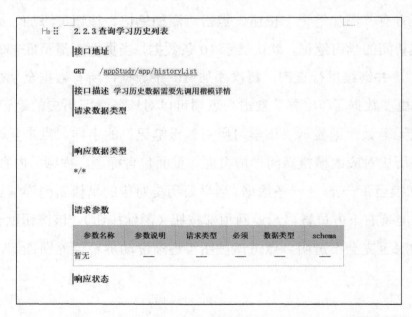

图 B-13-1　学习历史的请求接口

根据接口文档中的接口描述可知，在请求历史记录列表之前，需要先调用楷模详情接

口，由于以往的任务中我们使用过楷模详情接口，这里我们直接编写楷模详情接口。

在 pages 目录下的 experience 目录下的 history.html 页面中，在\<body\>\</body\>标签的
\<script type="text/javascript"\>\</script\>标签中编写楷模详情的请求接口，代码如下。

```
<!doctype html>
<html>
    ...
        <body style="padding: 0.5rem;">
            ...
            <script type="text/javascript">
                mui.init();
                function getKaiModel() {
                    mui.ajax(
'http://124.93.196.45:10091/Neusoft/times-model/appModel/app-o/detail?id=16', {
                        dataType: 'json', //服务器返回json格式数据
                        type: 'GET', //HTTP请求类型
                        timeout: 10000, //超时时间设置为10秒
                        headers: {
                        "Authorization": localStorage.getItem('token')
                        },
                        success: (res) => {
                        console.log(res);
                            }
                        })
                    }
            </script>
        </body>
    </html>
```

✅ **说明：**

我们可以通过修改楷模详情接口的请求 id，来增加我们的历史记录数据。

在 pages 目录下的 experience 目录下的 history.html 页面中继续编写，并在\<body\>\</body\>
标签的\<script type="text/javascript"\>\</script\>标签中编写学习历史的请求接口如下。

```
<!doctype html>
<html>
    ...
        <body style="padding: 0.5rem;">
            ...
            <script type="text/javascript">
```

```
                    mui.init()
                    ...
                    let pageSize = 10;
                    let pageNum = 1;
                    //获取学习历史记录列表
                    function getData() {
                    mui.ajax(
        'http://124.93.196.45:10091/Neusoft/times-model/appStudy/app/history
List', {
                            headers: {
                                Authorization: localStorage.getItem('token'),
                            },
                            data: {
                                pageSize: pageSize,
                                pageNum: pageNum
                            },
                            dataType: 'json', //服务器返回json格式数据
                            type: 'GET', //HTTP请求类型
                            timeout: 10000, //超时时间设置为10秒
                            success: function(res) {
                            }
                        });
                    }
                </script>
            </body>
    </html>
```

在<body style="padding: 0.5rem;"></body>标签的 MUI 内容区域中创建页面列表元素，添加如下代码。

```
    <body style="padding: 0.5rem;">
        <div class="mui-content">
            <div id="historyList"></div>
        </div>
        ...
    </body>
```

根据接口请求获取的返回值结构，继续编写学习历史的请求接口，进行页面渲染，代码如下。

```
    <script type="text/javascript">
    ...
        let pageSize = 10;
```

```
        let pageNum = 1;
        // 获取历史记录列表
        function getData() {
            mui.ajax(
    'http://124.93.196.45:10091/Neusoft/times-model/appStudy/app/history
List', {
                headers: {
                Authorization: localStorage.getItem('token'),
                },
                data: {
                pageSize: pageSize,
                pageNum: pageNum
                },
                dataType: 'json', //服务器返回json格式数据
                type: 'GET', //HTTP请求类型
                timeout: 10000, //超时时间设置为10秒
                success: function(res) {
                res.rows.forEach(e => {
                    document.getElementById("historyList").innerHTML
                        += setDom(e)
                        })
                    }
                });
            }

            function setDom(e) {
                let str = ''
                str += `
                <div class="mui-card historyItem" id="item${e.id}"
notesContent="${e.notesContent||''}" topicId="${e.topicId}">
                    <div class="big-text no-wrap">${e.title}</div>
                    <div class="small-text no-wrap">${e.readTime}</div>
                    <div class="no-wrap">${e.content}</div>
                    <div class="line-row"></div>`
                str += `</div>`
                return str
            }
    ...
    </script>
    \
```

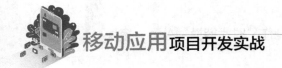

☑ **说明：**

由于该列表页结构复杂，故在此将页面设置单独封装为一个方法，便于后期修改。

可以使用 window.onload 事件，确保在页面完全加载完成后再请求接口，避免在页面尚未完全加载时进行操作而导致错误或不完整的结果。在 history.html 文件里的<body style="padding: 0.5rem;"></body>标签的<script type="text/javascript"></script>标签中，添加以下代码，学习历史初始页面如图 B-13-2 所示。

```html
<!doctype html>
<html>
    ...
        <body style="padding: 0.5rem;">
            ...
        <script type="text/javascript">
            mui.init();
            // 页面加载调用
            window.onload = function() {
                this.getData()
                this.getKaiModel()
            }
            ...
        </script>
    </body>
</html>
```

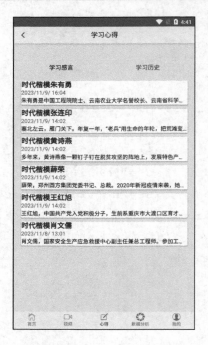

图 B-13-2　学习历史初始页面

二、学习历史列表数据下拉加载的实现

学习历史列表数据下拉加载的功能制作可参照"任务7实现楷模新闻列表模块：进阶提升"。

根据"任务描述"，我们将实现默认显示 10 条数据，当页面下滑至底部时显示图标动画+"正在加载..."，具体步骤如下。

在<body></body>标签的 MUI 内容区域，实现底部动态加载图标显示，代码如下，如图 B-13-3 所示。

```html
<body style="padding: 0.5rem;">
    ...
    <div class="mui-content">
        <div id="historyList"></div>
        <div id="loading" class="center small-text">
            <div class="mui-spinner"></div>
            正在加载...
        </div>
    </div>
    ...
</body>
```

图 B-13-3　图标动画+正在加载...

当下滑时，需要对下滑至底部的事件进行监听，在\<body>\</body>标签的\<script type="text/javascript">\</script>标签中添加如下代码。

```
<body>
    ...
    <script type="text/javascript">
            mui.init()
            // 页面加载调用
            window.onload = function() {
                this.getData()
                this.getKaiModel()
            }
            //下滑监听事件
            window.onscroll = e => {
                let rect= document.getElementById("loading")
                .getBoundingClientRect()
                let height = document.documentElement.clientHeight
                if (rect.bottom< height) {
                    getData()
                }
            }
        ...
    </script >
</body>
```

☑ **说明：**

A. window.onscroll：监听窗口滚动事件。

B. document.getElementById("loading")：通过元素的 ID 属性获取 loading 元素节点。

C. getBoundingClientRect()：获取 loading 元素相对于视口的位置信息，包括 top、right、bottom、left 等属性。

D. document.documentElement.clientHeight：获取当前窗口的可视区域高度。

E. rect.bottom < height：判断 loading 元素的底部是否小于窗口可视区域的高度，即 loading 元素是否已经滚动到可视区域之内。

根据"任务描述"为了继续进行查询，每次添加 10 条数据，所有数据全部加载完成后，在底部显示"没有更多数据了"字样，需要对学习历史列表获取的数据的进行修改，如图 B-13-4 所示。

```
let pageSize = 10;
let pageNum = 1;
let noMore = false;//判断是否还有更多数据
```

```
let loading = false;//判断当前是否正在加载数据
function getData() {
    if (noMore) return;
    if (loading) return;
    mui.ajax(
    'http://124.93.196.45:10091/Neusoft/times-model/appModel/appStud
y/app/historyList', {
        headers: {
            Authorization: localStorage.getItem('token'),
        },
        data: {
            pageSize: pageSize,
            pageNum: pageNum
        },
        dataType: 'json', //服务器返回json格式数据
        type: 'GET', //HTTP请求类型
        timeout: 10000, //超时时间设置为10秒
        success: function(res) {
            // 获取当前滚动位置
            let curr = pageYOffset;
            res.rows.forEach(e => {
                document.getElementById("historyList")
                .innerHTML += getDom(e)
            })
            //滚动到指定位置（10px）
            mui.scrollTo(curr, 10);
            if (pageSize * pageNum>= res.total) {
                noMore = true
                document.getElementById("loading").innerHTML
                    = '没有更多数据了'
            }
            pageNum++;
            loading = false;
        }
    });
}
```

移动应用项目开发实战

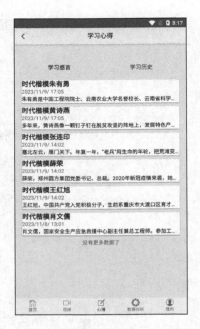

图 B-13-4　底部显示"没有更多数据了"

三、学习笔记的内容渲染及操作按钮创建

根据"任务描述"我们需要实现学习内容下方有"添加笔记"按钮，点击"添加笔记"按钮可添加、编辑、删除当前用户对于该楷模新闻的学习笔记。要实现以上功能，我们要对学习笔记内容进行渲染。

通过接口文档，可以发现返回值对象中的 notesContent 值即为学习笔记，在 history.html 文件里的 \<body>\</body> 标签的 \<script type="text/javascript">\</script> 标签中修改 setDom() 方法，如图 B-13-5 所示。

```
<body>
    ...
    <script type="text/javascript">
        ...
        function setDom(e) {
            let str = ''
            str += `
            <div class="mui-card historyItem" id="item${e.id}"
notesContent="${e.notesContent||''}" topicId="${e.topicId}">
                <div class="big-text no-wrap">${e.title}</div>
                <div class="small-text no-wrap">${e.readTime}</div>
                <div class="no-wrap">${e.content}</div>
                <div class="line-row"></div>`
                if (e.notesContent) {
                    str += `<div class="flex-row small-text">
```

```
                    <div>学习笔记</div>
                </div>
                <div class="mui-card"
style="background-color: #EFEFF4;">${e.notesContent}</div>`
                }
            str += `</div>`
            return str
        }
    </script>
</body>
```

在创建学习笔记的"添加""编辑""删除"按钮时，可以针对每条学习历史进行判断，是添加还是编辑，如图 B-13-6 所示。

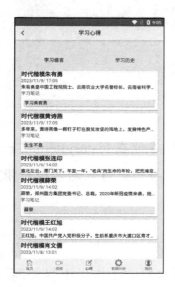

图 B-13-5　学习笔记内容的渲染

图 B-13-6　学习笔记的添加、编辑及删除按钮

如 notesContent 值存在，则在学习笔记内容左上角显示"删除"按钮，并在下方显示"编辑"按钮。

如 notesContent 值不存在，则在下方显示"添加笔记"按钮。

针对上述内容，我们继续针对 setDom()方法进行修改。

```
function setDom(e) {
    let str = ''
    str += `
    <div class="mui-card historyItem" id="item${e.id}"
notesContent="${e.notesContent||''}" topicId="${e.topicId}">
    <div class="big-text no-wrap">${e.title}</div>
    <div class="small-text no-wrap">${e.readTime}</div>
    <div class="no-wrap">${e.content}</div>
    <div class="line-row"></div>`
```

```
                 if (e.notesContent) {
                     str += `<div class="flex-row small-text">
                         <div>学习笔记</div>
                         <div style="color: #CF2D28;">删除</div>
                         </div>
                         <div class="mui-card"
                     style="background-color:#EFEFF4;">${e.notesContent}</div>
         <div class="line-row"></div>
                         <span class="mui-icon mui-icon-compose center"
         style="color: #EC971F; font-size: 1rem;">编辑笔记</span>`
                             } else {
                         str += `<span class="mui-icon mui-icon-compose
                 center" style="color: #CF2D28; font-size: 1rem;">添加笔记</span>`
                             }
                         str += `</div>`
                         return str
                 }
```

☑ **说明：**

A. 为了便于后续业务的逻辑，我们将部分关键字段存储在 historyItem 类一级中。

B. 存储内容包括：学习历史 id、学习笔记内容、学习历史对应的楷模新闻 id。

四、针对学习笔记的单击动作监听的创建

由于每条学习历史数据中针对单击的元素不同，所触发的动作也不尽相同。此处通过一个统一的方法 setEvent()来为点击创建不同的事件逻辑，并在 history.html 文件里的<script type="text/javascript"></script>标签的 getData()方法中为学习笔记元素绑定 setEvent()方法，添加代码如下。

```
    <script type="text/javascript">
    ...
    function getData() {
        if (noMore) return
        if (loading) return
        mui.ajax(
  'http://124.93.196.45:10091/Neusoft/times-model/appStudy/app/historyList', {
        headers: {
            Authorization: localStorage.getItem('token'),
            },
            data: {
```

```
                    pageSize: pageSize,
                    pageNum: pageNum
                    },
                    dataType: 'json', //服务器返回json格式数据
                    type: 'GET', //HTTP请求类型
                    timeout: 10000, //超时时间设置为10秒
                    success: function(res) {
                    // 记录窗口左上角滚动的像素
                    let curr = pageYOffset;
                    res.rows.forEach(e => {
                    document.getElementById("historyList").innerHTML
                        += setDom(e);
                    })
                    mui.scrollTo(curr, 10);
                    $('.historyItem').click(e =>setEvent(e));
                    if (pageSize * pageNum >= res.total) {
                    noMore = true
                    document.getElementById("loading").innerHTML
                        = '没有更多数据了'
                    }
                    pageNum++
                    loading = false;
                    }
                });
            }
        ...
    </script>
```

在 setEvent()方法中，有以下不同的分支。

其一，点击"添加笔记"按钮或"编辑笔记"按钮都需要弹出可编辑的对话框。

其二，点击"删除"按钮，需进行删除逻辑。

其三，点击学习历史列表元素，而非任何按钮，需跳转至详情页面。

我们需要在\<body>\</body>标签的\<script type="text/javascript">\</script>标签中编写
setEvent()方法，添加如下代码。

```
    <body>
    ...
    <script type="text/javascript">
        ...
        function setEvent(e) {
            let str = e.target.innerText;
```

```
            if (str == '删除') {
                //删除逻辑
            } else if (str == '添加笔记' || str == '编辑笔记') {
                //添加、编辑逻辑
            } else {
                //跳转详情
            }
        }
    </script>
</body>
```

针对不同分支的业务逻辑，我们需要访问 historyItem 类一级的节点存储的关键字段信息，因此，无论当前点击哪个画面元素，我们都需要访问 historyItem 类一级。

我们继续在<body></body>标签的<script type="text/javascript"></script>标签中编写 getParent(node)方法。

```
<body>
    ...
    <script type="text/javascript">
        ...
    function getParent(node) {
        if (node.classList.contains('historyItem')) {
            return node;
        } else {
            return getParent(node.parentNode);
        }
    }
    </script>
</body>
```

✔ **说明：**

A. 通过以上 getParent()方法，如当前节点为 historyItem 类一级，则返回节点。

B. 如非 historyItem 类一级，则递归调用，直至找到为止。

基于上述 getParent()方法，可通过访问 historyItem 类一级获取存储的关键字段信息。因此，要在 setEvent()方法中调用 getParent()方法获取目标元素的 id、notesConte、topicId，可以在 setEvent()方法中添加以下代码。

```
<script type="text/javascript">
    ...
    function setEvent(e) {
    let str = e.target.innerText;
    let rootDom = getParent(e.target)
```

```
        let id = rootDom.id.replace('item', '')
        let notesContent = rootDom.getAttribute('notesContent')
        let topicId = rootDom.getAttribute('topicId')
        if (str == '删除') {
            //删除逻辑
        } else if (str == '添加笔记' || str == '编辑笔记') {
            //添加、编辑逻辑
        } else {
            //跳转详情
            }
        }
    </script>
```

需要注意的是，以上点击事件功能未实现，当前处于假数据状态，后续将在此基础上完成效果。

五、删除笔记事件的创建

根据接口文档，分析可得，删除笔记实际上可以调用保存笔记的接口，并把相应笔记内容清空，如图 B-13-7 所示。

请求地址：/appStudy/app/saveNote

请求方式：POST

id：学习历史 id

notesContent：学习笔记内容

图 B-13-7　保存笔记接口

编写通用于添加、编辑、删除笔记的接口调用方法 saveNotes()，在<script type="text/javascript"></script>标签中编写 saveNotes()方法，代码如下。

```javascript
<script type="text/javascript">
    ...
    function saveNotes(id, content, opName) {
    mui.ajax(
    'http://124.93.196.45:10091/Neusoft/times-model/appStudy/app/saveNote', {
        headers: {
            Authorization: localStorage.getItem('token'),
            'Content-Type': 'application/json',
        },
        data: {
            id: id,
            notesContent: content,
        },
        dataType: 'json', //服务器返回json格式数据
        type: 'POST', //HTTP请求类型
        timeout: 10000, //超时时间设置为10秒
        success: function(data) {
            mui.toast(opName + "成功")
        }
    });
    }
</script>
```

☑ **说明：**

A. 在本方法中，除了 id 及 content 为接口定义的必要参数外，还定义了 opName 字段，用于在接口调用成功后，显示"添加/编辑/删除"成功。

B. 在 POST 接口调用时，需要在 headers 中定义 Content-Type 属性，将 POST 传参类型定义为 application/json。

在<script type="text/javascript"></script>标签中编写 delItem()删除方法，代码如下。

```javascript
<script type="text/javascript">
    ...
    function delItem(id) {
        mui.confirm('是否删除该学习笔记', '提示', ['取消', '确定'],
function(e) {
            if (e.index == 1) {
                saveNotes(id,'','删除')
            }
```

```
            }, 'div')
        }
    </script>
```

☑ **说明：**

A. 调用删除接口前，先弹出确认对话框，点击确定后，调用先前定义的保存笔记接口方法。

B. 调用保存笔记接口时，id 为点击元素对应的学习历史 id，content 为空，操作名称为"删除"。

当列表中数据删除后，需要重新加载该条数据，为避免重新渲染整个列表，可通过 id 找到对应数据，并进行局部刷新。在<script type="text/javascript"></script>标签编写 resetDom()局部刷新方法。编写代码如下。

```
    <script type="text/javascript">
        ...
        function resetDom(id) {
            mui.ajax(

  'http://124.93.196.45:10091/Neusoft/times-model/appStudy/app/historyList', {

                headers: {
                    Authorization: localStorage.getItem('token'),
                },
                dataType: 'json', //服务器返回json格式数据
                type: 'get', //HTTP请求类型
                timeout: 10000, //超时时间设置为10秒
                success: function(res) {
                    let obj = res.rows.find(e => e.id == id)
                    document.getElementById("item" + id).outerHTML
    = setDom(obj)
                    $("#item" + id).click(e =>setEvent(e))
                }
            });
        }
    </script>
```

☑ **说明：**

A. 无参数调用列表接口，获取完整数据。根据提供的 id，通过 find()方法，找到完整的数据对象。

B. 根据 id 可访问至当前元素 dom，通过 outerHTML，可设置当前 dom 的完整内容。

C. 使用最新的数据对象，重新渲染当前元素 dom。

D. 通过 setEvent()方法给当前元素 dom 重新加载点击事件。

执行完保存笔记的通用接口后，需要刷新列表，因此要在 saveNotes()方法中调用 resetDom()方法以实现刷新列表的目的，在<script type="text/javascript"></script>标签中编写 saveNotes()方法，添加如下代码。

```javascript
<script type="text/javascript">
    ...
    function saveNotes(id, content, opName) {
    mui.ajax(
     'http://124.93.196.45:10091/Neusoft/times-model/app/historyList', {
        headers: {
            Authorization: localStorage.getItem('token'),
            'Content-Type': 'application/json',
        },
        data: {
            id: id,
            content: content,
        },
        dataType: 'json', //服务器返回json格式数据
        type: 'POST', //HTTP请求类型
        timeout: 10000, //超时时间设置为10秒
        success: function(data) {
            mui.toast(opName + "成功")
            resetDom(id)
        }
    });
    }
    ...
</script>
```

需要注意的是，删除功能未完全实现，将在后续基础上进行实现。

六、添加笔记、编辑笔记事件的创建

1. 创建内容对话框

根据分析，无论添加还是编辑笔记时，都需要弹出可编辑内容的对话框，该需求可通过 mui.prompt 组件实现。在<script type="text/javascript"></script>标签的 setEvent()方法中编写 updateItem()更新方法，添加代码如下。

```
<script type="text/javascript">
    ...
    function setEvent(e) {
        ...
        function updateItem(id, content) {
            mui.prompt('', '请输入内容', str, ['取消', '确定'], function(e) {
                if (e.index == 1) {
                }
            }, 'div')
        }
    }
</script>
```

2. 执行更新动作

根据分析，添加笔记时，笔记内容 content 初始值为空，编辑笔记时，该字段不为空，继续为 updateItem()更新方法添加代码如下。

```
function updateItem(id, content) {
    mui.prompt('', '请输入内容', str, ['取消', '确定'], function(e) {
        if (e.index == 1) {
            saveNotes(id, e.value || '', content ? '编辑' : '新建')
        }
    }, 'div')
    $('.mui-popup-input input')[0].value = content || ''
}
```

✅ **说明**：

A. 当参数 content 存在时，当前操作为编辑，反之则为新建。

B. 通过$('.mui-popup-input input')[0].value 可给对话框设置初始值。

C. 传入 saveNotes 中的参数应避免 Null，防止更新时出现异常状况。

3. 创建事件逻辑

我们通过 setEvent()来为点击创建不同的事件逻辑，不同事件执行不同方法。比如，删除逻辑需要执行 delItem()删除方法；添加、编辑逻辑则需要执行 updateItem()更新方法，因此我们对统一单击方法 setEvent()方法进行修改，代码如下，实现编辑、添加、删除笔记效果如图 B-13-8、图 B-13-9、图 B-13-10 所示。

```
function setEvent(e) {
    let rootDom = getParent(e.target)
    let id = rootDom.id.replace('item', '')
    let str = e.target.innerText
    let notesContent = rootDom.getAttribute('notesContent')
```

```
            let topicId = rootDom.getAttribute('topicId')
        if (str == '删除') {
            //删除逻辑
            delItem(id)
        } else if (str == '添加笔记' || str == '编辑笔记') {
            //添加、编辑逻辑
            updateItem(id,notesContent)
        } else {
            //跳转详情

        }

    }
```

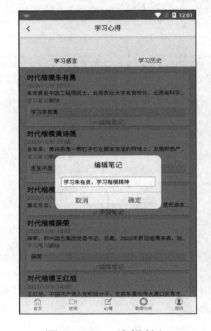

图 B-13-8　编辑笔记

图 B-13-9　添加笔记

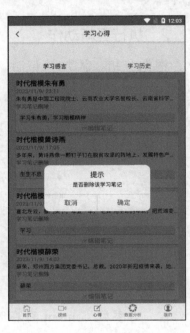

图 B-13-10　删除笔记

七、双击事件的实现

根据"任务描述"，对该条学习历史的笔记进行双击事件的操作，分为两点：一是有学习笔记的列表项，双击实现提示弹框"提示：是否删除该学习笔记"；二是没有学习笔记的列表项，双击显示"该学习历史暂无笔记"的字样。我们需要在<script type="text/javascript"></script>标签的 mui.init()功能配置启用双击事件，添加代码如下。

```
<script type="text/javascript">
mui.init({
    gestureConfig: {
        doubletap: true,
```

```
                }
            })
        ...
    </script>
```

为 historyItem 类名的元素添加双击事件监听器，并指定回调函数为 doubleTap()方法，在\<script type="text/javascript"\>\</script\>标签中添加如下代码，如图 B-13-11 所示。

```
<script type="text/javascript">
    ...
    mui('#historyList').on('doubletap', '.historyItem', doubleTap)
    function doubleTap(e) {
        let rootDom = getParent(e.target)
        let id = rootDom.id.replace('item', '')
        let notesContent = rootDom.getAttribute('notesContent')
        if (notesContent) {
            delItem(id)
        } else {
            mui.toast('该学习历史暂无笔记')
        }
    }
</script>
```

图 B-13-11　双击事件的触发

八、详情页面的跳转

1. 创建楷模新闻详情页面

在之前的模块中，我们已经制作了楷模新闻详情页面，但仔细阅读要求会发现，根据学习历史跳转的楷模新闻详情页面同根据楷模新闻列表跳转的详情页面有内容上和需求上的差别，故需要重新制作。在 experience 目录下创建 historyDetail.html 文件，需要先编写页面基础代码，在页面基础代码上继续编写，页面基础代码如下。

```
<!doctype html>
<html>
    <head>
        <meta charset="utf-8">
        <title></title>
        <meta name="viewport"
content="width=device-width,initial-scale=1,minimum-scale=1,maxi
mum-scale=1,user-scalable=no" />
        <link href="../../CSS/mui.min.CSS" rel="stylesheet" />
        <link href="../../CSS/common.CSS" rel="stylesheet" />
        <link href="../../CSS/icons-extra.CSS" rel="stylesheet" />
    </head>
    <body style="padding: 0.5rem;">
        <div class="mui-content"></div>
        <script src="../../js/mui.min.js"></script>
        <script src="../../js/jquery.min.js"></script>
        <script type="text/javascript">
            mui.init()
        </script>
    </body>
</html>
```

2. 添加页面跳转

根据要求，在楷模新闻详情页面中除可以获取楷模新闻详情相关内容外，还需要获取学习笔记。所以，需要将 id 与 topicId 两个参数都传递至详情页面。因此，需要在 setEvent() 方法中添加如下页面跳转代码。

```
function setEvent(e) {
    let rootDom = getParent(e.target)
    let id = rootDom.id.replace('item', '')
    let str = e.target.innerText
    let notesContent = rootDom.getAttribute('notesContent')
    let topicId = rootDom.getAttribute('topicId')
```

```
        if (str == '删除') {
            //删除逻辑
            delItem(id)
        } else if (str == '添加笔记' || str == '编辑笔记') {
            //添加、编辑逻辑
            updateItem(id,notesContent)
        } else {
            //跳转详情
            let param = {
                id:id,
                topicId:topicId
            }
            mui.openWindow('historyDetail.html?param=' + JSON.stringify
(param))
        }
```

☑ 说明：

A. 当页面需要传递多个参数时，为避免在子页面进行多次字符串拆分，可将多个参数放在对象中作为一个参数传递。

B. 传递时，需通过 JSON.stringify()将 JavaScript 对象转换为 json 字符串。

3. 添加数据接收

利用 decodeURIComponent()方法对传递过来的 URL 参数进行解析，再利用 JSON.parse() 方法还原为 JavaScript 对象。

在 historyDetail.html 页面<body style="padding: 0.5rem;"></body>标签的<script type="text/javascript"></script>标签中修改如下代码，跳转到历史记录详情页面，如图 B-13-12 所示。

```
<body style="padding: 0.5rem;">
    <!-- 头信息 -->
    <header class="mui-bar mui-bar-nav">
            <!-- 标题返回栏 -->
            <a class="mui-action-back
            mui-icon mui-icon-left-nav mui-pull-left"></a>
            <h1 class="mui-title">历史记录详情</h1>
            </header>
    ...
    <script type="text/javascript">
        var URL = decodeURIComponent(location.search);
        let param = null
        try {
            param = JSON.parse((URL).split('?param=')[1])
```

```
        } catch (e) {}
    </script >
  <body>
```

图 B-13-12　跳转到历史记录详情页面

✅ **说明：**

通过 JSON.parse()方法可以将 json 字符串重新还原为 JavaScript 对象。

九、楷模新闻详情页的实现

根据"任务描述"要在原楷模新闻详情的基础上，实现左右滑动，在 historyDetail.html 文件我们将进行以下操作。

第一，将详情页中的<body></body>标签的 MUI 内容区域变更为轮播组件，修改代码如下。

```
<body>
    <header class="mui-bar mui-bar-nav">
    ...
    </header>
    <!-- MUI内容区域 -->
    <div class="mui-content">
        <div class="mui-slider" id="slider">
            <div class="mui-slider-group" id="sliderList"></div>
        </div>
```

```
        </div>
        ...
    </body>
```

第二，页面包含标题、视频、内容学习笔记等，将<script type="text/javascript"></script>标签中的页面接口调用变更为楷模新闻列表接口并渲染，修改代码如下，如图 B-13-13 所示。

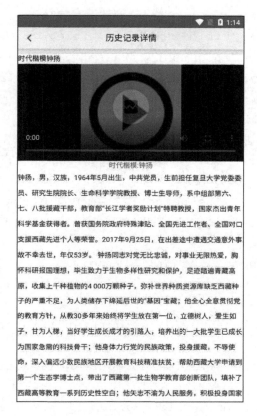

图 B-13-13　历史详情记录页面

```
        <script type="text/javascript">
        ...
        try {
            param = JSON.parse((URL).split('?param=')[1])
    mui.ajax('http://124.93.196.45:10091/Neusoft/times-model/appStudy/app/historyList', {
        dataType: 'json', //服务器返回json格式数据
        type: 'GET', //HTTP请求类型
        timeout: 10000, //超时时间设置为10秒
        headers: {
        Authorization: localStorage.getItem('token'),
        },
        success: function(res) {
        console.log(res);
```

```
        arr = res.rows
        document.getElementById("sliderList").innerHTML = ''
        document.getElementById("sliderList").innerHTML+='<div
class="mui-slider-item"></div>'
        res.rows.forEach(e => {
        document.getElementById("sliderList").innerHTML += `
        <div class="mui-slider-item mui-card">
            <div class="title-text">${e.title}</div>
            <div id="videoContent" class="videoContent"
        style="height: 200px; background-color: black">
                <video width="100%" height="100%"
        id="video${e.id}" controls></video>
            </div>
            <div class="small-text center">时代楷模:${e.title.replace
        ('时代楷模', '')}</div>
            <div style="line-height: 2rem;">${e.content}</div>
            <div class="big-text">${e.notesContent?'学习笔记':'暂无学习笔记
'}</div>
            <div>${e.notesContent||''}</div>
        </div>`
        })
        document.getElementById("sliderList").innerHTML += '<div
class="mui-slider-item"></div>'
        mui('.mui-slider').slider().gotoPage(arr.findIndex(e => e.id ==
param.id) + 1)
        $('.mui-slider .mui-slider-group')[0].style.transitionDuration =
'0ms'
        }
        });
        } catch (e) {}
        ...
    </script>
```

第三，为了实现左滑/右滑可以切换至下一条/上一条数据，为轮播滚动配置监听事件，在<script type="text/javascript"></script>标签添加如下代码，如图 B-13-14 所示。

```
    <script type="text/javascript">
    ...
    let ip = "http://124.93.196.45:10091/Neusoft/times-model";
        try {
        ...
        document.getElementById("slider").addEventListener('slide', e
=> {
```

```
let i = e.detail.slideNumber
if (!i) {
mui.toast('已经是第一条了')
mui('.mui-slider').slider({}).gotoItem(1)
return
    }
if (i == arr.length + 1) {
mui.toast('已经是最后一条了')
mui('.mui-slider').slider({}).gotoItem(arr.length)
return
}
// 3) 监听轮播滚动事件
document.getElementById("video" + param.id).src = ''
$('#videoContent' + param.id).append($('#video' + param.id))
$('#fixVideo').hide()
param.id = arr[i - 1].id
topicId = arr[i - 1].topicId
mui.ajax(
'http://124.93.196.45:10091/Neusoft/times-model/appModel/app-o/detai
l', {
            data: {
                id: topicId
                },
            headers: {
                Authorization: localStorage.getItem('token'),
                    },
            dataType: 'json', //服务器返回json格式数据
            ype: 'GET', //HTTP请求类型
            timeout: 10000, //超时时间设置为10秒
            success: function(data) {
            console.log(data.data.videoPath);
            document.getElementById("video" + param.id).src
            = ip + data.data.videoPath
                }
            });
        })
    } catch (e) {}
</script>
```

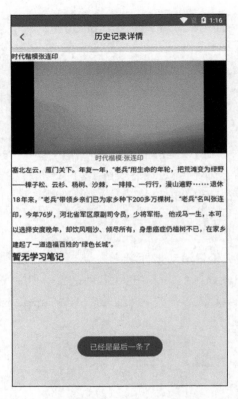

图 B-13-14　左滑/右滑显示最后一条

根据"任务描述"，需要实现返回到顶部功能：在屏幕右下方位置显示返回顶部按钮（图标按钮）。该按钮默认透明，随着页面的上滑逐步加深至完全不透明。点击该按钮可返回顶部，返回顶部后该按钮消失。

在 historyDetail.html 文件里的<body></body>标签的 MUI 内容区域内新增返回顶部按钮，添加代码如下。

```
<body>
...
    <div class="mui-content">
        <span class="mui-icon mui-icon-arrowup to-top-btn"
    id="toTop"></span>
        <div class="mui-slider" id="slider">
            <div class="mui-slider-group" id="sliderList"></div>
        </div>
    </div>
...
<body>
```

在<script type="text/javascript"></script>标签中添加滚动监听事件实现按钮的透明度变化，添加代码如下。

```
<script type="text/javascript">
    ...
    window.onscroll = e => {
        document.getElementById("toTop").style.opacity = pageYOffset /
232
    }
</script>
```

为<script type="text/javascript"></script>标签里的返回顶部按钮添加点击事件实现返回到顶部，添加代码如下，实现返回到顶部页面效果如图 B-13-15 所示。

```
<script type="text/javascript">
    ...
    document.getElementById('toTop').addEventListener('tap',
function() {
        mui.scrollTo(0,200)
    })
    ...
</script>
```

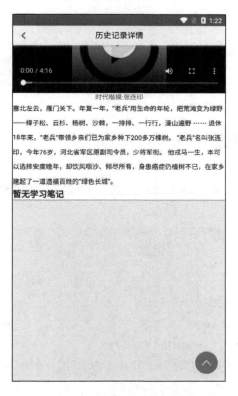

图 B-13-15　实现返回到顶部页面效果

任务 14 实现公益活动模块

任务描述

进入公益活动界面，界面内包括全部、已报名、未报名。

"全部"标签的内容包括活动大图、活动起止时间、活动地点、报名状态、"报名"按钮等。

未报名者点击"报名"按钮，方可进行报名，且状态也由未报名状态转变成已报名状态。

关键技术描述

封装的意义及实现

制作步骤

一、创建公益活动页面

需要在 home 目录下创建 benifit.html 页面，即公益活动列表实现页面，并编写页面基础代码，基础代码如下。

```html
<!doctype html>
<html>
    <head>
        <meta charset="utf-8">
        <title></title>
        <meta name="viewport"
    content="width=device-width,initial-scale=1,minimum-scale=1,maximum-scale=1,user-scalable=no" />
        <link href="../../CSS/mui.min.CSS" rel="stylesheet" />
        <link href="../../CSS/icons-extra.CSS" rel="stylesheet" />
        <link href="../../CSS/common.CSS" rel="stylesheet" />
    </head>
    <body>
```

```
        <header class="mui-bar mui-bar-nav">
            <a class="mui-action-back mui-icon mui-icon-left-nav
mui-pull-left"></a>
            <h1 class="mui-title">公益活动</h1>
        </header>
        <div class="mui-content">
        </div>
    </body>
    <script src="../../js/mui.min.js"></script>
    <script src="../../js/common.js"></script>
    <script type="text/javascript">
        mui.init()
    </script>
</html>
```

二、通用方法的封装

1. 通用 URL 的封装

在所有 URL 请求及图片显示时，都需要拼接固定的服务器地址。

因此，我们可以将服务器地址单独提取，作为整个项目的通用参数。

在 common.js 中添加变量。

```
    let baseUrl = 'http://124.93.196.45:10091/Neusoft/times-model/'
```

此后，对图片的加载可以进行如下修改。

```
    <img src="${'http://124.93.196.45:10091/Neusoft/times-model/
'+e.picPath}">
```

修改为以下代码。

```
    <img src="${baseUrl+e.picPath}">
```

服务器地址作为统一配置的参数，当服务器发生变更时，单独修改 baseUrl 即可实现针对全局的修改，避免在各个页面进行单独调整。

2. 通用接口调用的封装

接口调用在各个页面频繁出现，我们可以综合各类型接口的调用方式，将其封装为统一的调用方法。对于封装的统一的调用方法，我们可以在<script type="text/javascript"></script>标签中写入以下代码。

```
    <script type="text/javascript">
    ...
    function request(url, data, method) {
        return new Promise((res, rej) => {
```

```
                mui.ajax(baseUrl + url, {
                    headers: {
                        Authorization: ~url.indexOf('login') ?
'' :localStorage.getItem('token'),
                        'Content-Type': method == 'POST' || method == 'put' ?
'application/json' : ""
                    },
                    data: data,
                    dataType: 'json', //服务器返回json格式数据
                    type: method, //HTTP请求类型
                    timeout: 10000, //超时时间设置为10秒
                    success: function(data) {
                        if (data.code == 200) {
                            res(data)
                            return
                        }
                        mui.toast(data.msg)
                        rej(data)
                    },
                    error: function(xhr, type, errorThrown) {
                        rej(xhr)
                    }
                });
            })
        }
        ...
        </script>
```

☑ **说明:**

A. 当调用各个业务接口时,部分需要 token,部分则不需要,此时,我们可给所有接口都加入 token,以满足所有接口的需求。

B. 但注意,在调用登录接口时,必须去掉 token。

C. 当调用 POST 及 put 接口时,需要设置参数类型,即 Content-Type。

D. 根据接口文档,当返回 code 为 200 时,即为接口调用成功,因此在 code 非 200 时,对错误内容弹出警告。

E. 由于接口调用为异步过程,需采用 Promise 对象进行返回。

此后,可以对接口的调用进行如下修改。

```
    mui.ajax('http://124.93.196.45:10091/Neusoft/times-model/appStudy/app/historyList', {
        dataType: 'json', //服务器返回json格式数据
        type: 'GET', //HTTP请求类型
```

```
        timeout: 10000, //超时时间设置为10秒
        success: function(res) {
            ...
```

修改为以下代码。

```
    request('/appStudy/app/historyList').then(res => {
        ...
```

接口调用被统一封装后，可大幅降低代码量，增加代码可读性。同时，通过统一的错误弹窗等封装，也能提升系统的健壮性。

3. 页面跳转的封装

页面跳转分为无参数、单个参数及多个参数三种状况，可对页面跳转以最复杂的多个参数为蓝本，进行统一封装。

```
    function myOpen(url, data) {
        mui.openWindow(url + '?param=' + JSON.stringify(data))
    }
```

此后，对于页面的跳转我们可以进行如下修改。

将下面代码：

```
    let param = {
        id: id,
        topicId: topicId
    }
    mui.openWindow('historyDetial.html?param=' + JSON.stringify(param))
```

修改为以下代码。

```
    myOpen('historyDetial.html', {
        id: id,
        topicId: topicId
    })
```

需要注意的是，统一修改后，在接收页面参数时，需要进行统一调整。

```
    let pageData = {}
    try {
    pageData = JSON.parse(decodeURI(location.search).split('?param=')[1])
    } catch (e) {}
```

三、实现公益活动列表

1. 构建页面元素

构建公益活动列表的页面元素，需要在 benifit.html 文件里的<body></body>标签中添加以下代码，如图 B-14-1 所示。

```
<body>
...
<div class="mui-content">
    <div id="slider" class="mui-slider" style="margin-bottom: 0.5rem;">
        <div class="mui-slider-group mui-slider-loop"
id="sliderList"></div>
    </div>
    <div class="mui-card">
        <div class="mui-segmented-control
mui-segmented-control-inverted">
            <a class="mui-control-item mui-active" href="#item1">全部</a>
            <a class="mui-control-item" href="#item2">已报名</a>
            <a class="mui-control-item" href="#item3">未报名</a>
        </div>
        <div id="item1" class="mui-control-content mui-active">
            <ul class="mui-table-view" id="listAll"></ul>
        </div>
        <div id="item2" class="mui-control-content">
            <ul class="mui-table-view" id="list1"></ul>
        </div>
        <div id="item3" class="mui-control-content">
            <ul class="mui-table-view" id="list0"></ul>
        </div>
    </div>
</div>
...
</body>
```

图 B-14-1　公益活动列表的页面元素构建

2. 轮播图接口调用及渲染

根据接口文档，获取查询时代楷模轮播图的接口信息，如图 B-14-2 所示。

请求地址：/appNotice/app-o/loopMap

请求方式：GET

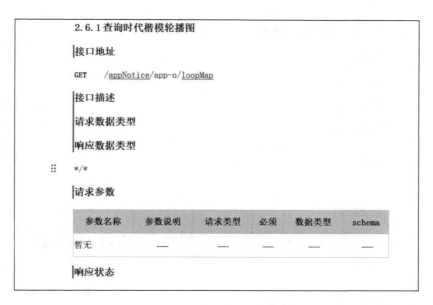

图 B-14-2　时代楷模轮播图的接口信息

根据接口获取的信息，针对轮播图数据的渲染，需要在<script type="text/javascript">和</script>标签之间，添加以下代码。

```
<script type="text/javascript">
...
    request('/appNotice/app-o/loopMap').then(res => {
        res.data.push(res.data[0])
        res.data.unshift(res.data[res.data.length - 2])
        res.data.forEach(e => {
            document.getElementById("sliderList").innerHTML += `
            <div class="mui-slider-item">
                <img src="${baseUrl+e.picPath}">
            </div>`
        })
        mui('#slider').slider({
            interval: 3000
        })
    })
...
</script>
```

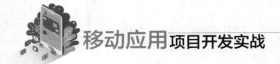

3. 活动接口调用及渲染

根据接口文档，获取查询公益活动列表的接口信息，如图 B-14-3 所示。

请求地址：/activity/app-o/list

请求方式：GET

	2.1.2 查询公益活动列表

接口地址

GET   /activity/app-o/list

接口描述

请求数据类型

响应数据类型

/

请求参数

参数名称	参数说明	请求类型	必须	数据类型	schema
暂无	—	—	—	—	—

响应状态

图 B-14-3 查询公益活动列表的接口信息

对于活动接口的调用和渲染，需要在<script type="text/javascript"></script>标签中添加以下代码。

```
<script type="text/javascript">
...
request('/activity/app-o/list').then(res => {
    console.log(res);
    res.rows.filter(e =>e.status != 3).forEach(e => {
        document.getElementById("list0").innerHTML += `
        <li class="mui-table-view-cell" onclick="myOpen('detail.html',
${e.id})">
            <div class="mui-row">
                <div class="mui-col-xs-4">
                    <img src="${baseUrl+e.picPath}" style="width: 100%;
                    height: 120px;">
                </div>
                <div class="mui-col-xs-8 flex-col" style="padding-left:
0.5rem;            align-items: flex-start;">
```

```
            <div style="width: 100%;" class="big-text
        no-wrap">${e.title}</div>
                <div style="width: 100%;" class="no-wrap">时
            间:${e.endDate}</div>
                <div style="width: 100%;" class="no-wrap">地
            点:${e.sponsor}</div>
                <div style="width: 100%;" class="no-wrap">状
态:${e.status==1?'可报名':e.status==2?'报名截止':'已报名'}</div>
                <button type="button" class="mui-btn mui-btn-red"
style="align-self: flex-end;" onclick="submit(${e.id})">报名</button>
            </div>
        </div>
    </li>`
    })
})
...
</script>
```

4. 针对报名状态的页面渲染

针对报名状态的页面渲染，需要在<script type="text/javascript"></script>标签中添加以下代码，如图 B-14-4 所示。

```
<script type="text/javascript">
    ...
    request('/activity/app-o/list').then(res => {
    ...
    })
    if (res.rows.filter(e =>e.status == 3).length < 1) {
        document.getElementById("list1").innerHTML =
            `<div class="small-text center" style="padding: 1rem;">暂无
已报名活动</div>`
        }
    res.rows.forEach(e => {
        document.getElementById("listAll").innerHTML += `
        <li class="mui-table-view-cell" onclick="myOpen('detail.html',
${e.id})">
            <div class="mui-row">
                <div class="mui-col-xs-4">
                    <img src="${baseUrl+e.picPath}" style="width: 100%;
                    height: 120px;">
                </div>
                <div class="mui-col-xs-8 flex-col" style="padding-left:
0.5rem;    align-items: flex-start;">
```

```
            <div style="width: 100%;" class="big-text
no-wrap">${e.title}</div>
                <div style="width: 100%;" class="no-wrap">时
间:${e.endDate}</div>
                <div style="width: 100%;" class="no-wrap">地
点:${e.sponsor}</div>
                <div style="width: 100%;" class="no-wrap">状
态:${e.status==1?'可报名':e.status==2?'报名截止':'已报名'}</div>
                <button type="button" class="mui-btn mui-btn-red"
style="align-self: flex-end;" onclick="submit(${e.id})">报名</button>
            </div>
        </div>
    </li>`
        })
        if (res.rows.length< 1) {
            document.getElementById("listAll").innerHTML =
                `<div class="small-text center" style="padding: 1rem;">暂无
活动</div>`
        }
    })
</script>
```

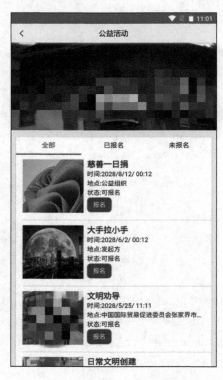

图 B-14-4　报名状态的页面渲染

5. 提交报名的实现

对提交报名的实现，需要在\<script type="text/javascript"\>\</script\>标签中添加以下代码。

```
<script type="text/javascript">
...
    function submit(id) {
        console.log(id);
        event.stopPropagation()
        request('/activity/app/signUp', {
            id: id
        }).then(res => {
            console.log(res);
        })
    }
...
</script>
```

四、实现公益活动详情

在实现公益活动详情页面渲染时，需要在 benifit.html 文件里的\<body\>\</body\>标签中添加以下代码。

```
<body>
    ...
    <script type="text/javascript">
        mui.init()
        addEventListener('myRefresh', () => {
            location.reload()
        })
        addEventListener('myBack', () => {
            location.reload()
            mui.back()
            mui.fire(plus.webview.currentWebview().opener(),
'myRefresh')
        })
        let pageData = {}
        try {
            pageData =
JSON.parse(decodeURI(location.search).split('?id=')[1])
        } catch (e) {}
        console.log(pageData);
    </script>
</body>
```

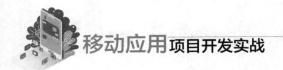

五、公益活动页面跳转

点击"公益活动"图标，实现跳转页面功能。我们需要修改 home 目录下的 home.html 文件里的服务项列表（servList）路径。

```
<script type="text/javascript">
...
    let servList = []
        if (localStorage.getItem('servList')) {
            servList = JSON.parse(localStorage.getItem('servList'))
        } else {
            servList = [
                ...
                {
                name: '公益活动',
                imgUrl: '../../images/img_home_material_list.png',
                target: '../home/benefit.html',
                isHide: false
                },
                ...
            ];}
...
</script>
```

任务 15　绘制图表

任务描述

进入"数据分析"页面，其中显示两张柱状图。

关键技术描述

echarts 实现柱形图

制作步骤

一、创建图表页面

由于在以往的任务模块中创建过 analysis.html 文件，接下来将在此页面进行图表绘制，如图 B-15-1 所示，页面基础代码如下。

```html
<!doctype html>
<html>
    <head>
        <meta charset="utf-8">
        <title></title>
        <meta name="viewport"
            content="width=device-width,initial-scale=1,minimum-scale
=1,maximum-scale=1,user-scalable=no" />
        <link href="../../CSS/mui.min.CSS" rel="stylesheet" />
        <link href="../../CSS/common.CSS" rel="stylesheet" />
    </head>

    <body style="padding: 0.5rem;">
        <header class="mui-bar mui-bar-nav">
            <a class="mui-action-back mui-icon mui-icon-left-nav
mui-pull-left"></a>
            <h1 class="mui-title">数据分析</h1>
        </header>
        <div class="mui-content">
        </div>
        <script src="../../js/mui.min.js"></script>
        <script type="text/javascript">
            mui.init()
        </script>
    </body>
</html>
```

图 B-15-1　数据分析页面

二、图表数据渲染

在使用渲染数据功能之前，需要引入 echarts 库，我们在 analysis.html 文件的\<body>\</body>标签中引入 echarts.js。

```
<body>
    ...
<script src="../../libs/echarts.js" charset="utf-8"></script>
    ...
</body>
```

需要创建容器，用于放置 echarts 图表。在 charts.html 文件中的\<body>\</body>标签的 MUI 内容区域中添加\<div class="mui-content">\</div>容器，并根据需要来设置高度和宽度，添加代码如下。

```
<body>
    ...
    <div class="mui-content">
        <div id="barID" style="width: 100%; height: 300px;"></div>
        <div id="barID2" style="width: 100%; height: 300px;"></div>
    </div>
    ...
</body>
```

我们将依次配置两个柱状图。接下来为第一个图表准备数据并为图表设置图标样式、标题、坐标选项等，在<script type="text/javascript"></script>标签中添加如下代码。

```
<script type="text/javascript">
    mui.init()
    mui.ready(function() {
        let option_bar = {
            xAxis:{
                value:"category",
                data:['2022年1月','2022年2月'],

            },
            legend:{
                data:['男','女']
            },
            tooltip:{
                trigger:'axis'
            },
            yAxis:{
                min:0,
                max:200,
                interval:50,
                type:'value',
                axlsLine:{
                    show:true
                },
                axisTick:{
                    show:true

                }
            },
            series:[{
                type:'bar',
                data:[120,180],
                name:'男'
            },
            {
                type:'bar',
                data:[101,160],
                name:'女'
            }]
        }
    })
</script>
```

✔ 说明：

A. mui.ready()方法用于确保 dom 加载完成后再执行 JavaScript 代码。

B. xAxis 配置项用于定义 X 轴的相关设置。其中，value: "category"表示 X 轴的数据类型为类别型，data 属性指定了 X 轴的刻度标签。

C. yAxis 配置项用于定义 Y 轴的相关设置。通过设置 min 和 max 属性，确定了 Y 轴的取值范围为 0~200；interval 属性表示 Y 轴刻度间隔为 50；type 属性指定了 Y 轴的数据类型为数值型。

D. legend 配置项用于定义图例，即标识图表中不同系列的颜色和含义。通过设置 data 属性，可以指定图例的文字内容，如在以上代码中，我们设置了两个图例项：'男'和'女'。图例会自动根据数据系列的名称和颜色生成，并显示在图表的合适位置。通过点击图例，可以切换显示或隐藏对应的数据系列。

E. tooltip 配置项用于定义提示框，即鼠标光标悬停在图表上时会弹出的信息框。通过设置 trigger 属性为 axis，表示当鼠标光标悬停在柱状图的某个数据点上时，会显示该数据点所属系列的数值信息。在柱状图中，通常会显示 X 轴和 Y 轴的数值，以及相应系列的名称。例如，在以上代码中，当鼠标光标悬停在柱状图上时，会显示类似于"2022 年 1 月 男: 120" 和 "2022 年 2 月 女: 101" 的信息。

F. series 配置项用于定义图表中的数据系列。在这里，我们有两个柱状图，分别代表男性人数和女性人数。每个柱状图使用 type: 'bar'指定图表类型为柱状图，data 属性指定了具体的数据点，即男女人数数组。

为第二个图表准备数据并为图表设置图标样式、标题、坐标选项等，在<script type="text/javascript"></script>标签中添加如下代码。

```html
<script type="text/javascript">
    mui.init()
    mui.ready(function() {
        ...
        let option_bar2 = {
        xAxis:{
            value:"category",
            data:['植树造林活动','友谊风险'],
        },
        legend:{
            data:['男','女']
        },
        tooltip:{
```

```
            trigger:'axis'
        },
        yAxis:{
            min:0,
            max:800,
            interval:100,
            type:'value',
            axlsLine:{
                show:true
            },
            axisTick:{
                show:true
            }
        },
        series:[{
            type:'bar',
            data:[120,180],
            name:'男'
        },
        {
            type:'bar',
            data:[101,160],
            name:'女'
        }]
    })

        }
    </script>
```

我们需要对配置好的柱状图进行渲染。将数据和配置应用到图表实例上，然后通过 echarts 初始化时的 setOption 方法将其渲染到图表上，在<script type="text/javascript"></script>标签中添加如下代码，结果如图 B-15-2 所示。

```
    <body>
    ...
    <script type="text/javascript">
    mui.init()
        mui.ready(function() {
        ...
        echarts.init(document.getElementById('barID')).setOption
(option_bar);
        ...
```

```
            echarts.init(document.getElementById('barID2')).setOption
(option_bar2);
            })
        </script>
    </body>
```

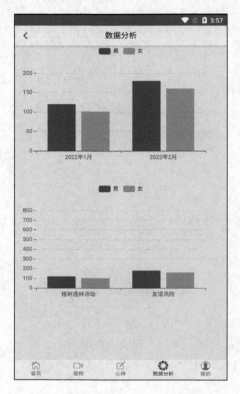

图 B-15-2　数据分析图表页面

模块 C
移动应用测试与交付

任务 1 编写缺陷分析报告

任务描述

本模块基于软件工程思想，在移动应用产品开发流程完成后，进行产品测试，保障产品交付质量。本任务考查选手发现软件产品的缺陷、分析并提供解决方案、生成测试报告的能力，帮助选手严格把好质量关，交付高质量产品。

关键技术描述

1. 在 Android Studio 模拟器上安装待测数字社区 APK
2. 运行待测数字社区 APK
3. 使用 Postman 测试数字社区 API 接口文档的连通性
4. 对照数字社区 App 功能范围测试 APK 功能

制作步骤

① 赛题分析。任务要求：下载"待测数字社区 App.apk"文件。将 APK 文件安装到模拟器中。启动 App，配置服务器的 IP 和 port，准备运行测试。基于待测 App，查找产品 Bug，进行缺陷分析。根据"数字社区 App 功能范围.pdf"中描述的功能范围进行全范围测查，

找出特定的 10 个 Bug，并简要描述，重现步骤，分析缺陷原因，完成测试报告文档。

② 打开 Android Studio 软件，点击"Your Virtual Devices"按钮，启动模拟器，如图 C-1-1 所示。

图 C-1-1　启动模拟器

拖曳待测数字社区 App.apk 到模拟器中，将数字社区 App 安装到模拟器中，如图 C-1-2 所示。

图 C-1-2　放入 App.apk

③ 双击打开"数字社区 App"，进入引导页，点击右上角的"IP 端口设置"按钮，如图 C-1-3 所示。

在弹出窗口中，选择文本框输入 IP 端口 124.93.196.45:10091/Neusoft/community，如图 C-1-4 所示。点击"保存"按钮，返回引导页。

④ 在引导页中点击"立即体验"按钮，进入登录界面。输入账号和密码，点击"登录"

按钮，进入首页，如图 C-1-5 所示。

　　可以点击"免密登入"按钮，输入手机号，点击"获取验证码"按钮，输入验证码后点击"登录"按钮。也可以点击"注册新用户"按钮，然后输入手机号，点击"获取验证码"按钮，输入收到的验证码，输入密码，点击"立即注册"按钮，即可注册账号，如图 C-1-6 所示。

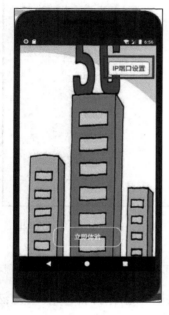

图 C-1-3　点击"IP 端口设置"按钮

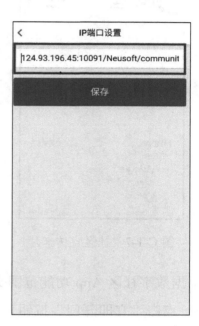

图 C-1-4　输入 IP 端口

图 C-1-5　输入账号和密码

图 C-1-6　注册账号

⑤ 根据数字社区 App 功能范围文档，Banner 展示数字社区宣传卡片，如图 C-1-7 所示。点击下方以跑马灯形式滚动的社区活动公告，可以查看活动详情，如图 C-1-8 所示。

图 C-1-7　社区宣传卡片

图 C-1-8　社区活动公告

⑥ 根据数字社区 App 功能范围文档，点击功能入口中的"开门"按钮，可以进入"开门"界面；点击"立即开门"按钮可以给房屋开门；点击"邀请访客"按钮无法进入下一页，如图 C-1-9 所示。

图 C-1-9　"开门"界面

⑦ 点击"我的房屋"按钮可以进入"我的房屋"界面，点击"我是业主，添加房屋"

按钮进入"添加房屋"界面。正确填写房屋信息、住户信息等，点击"提交审核"按钮，即可成功添加房屋，如图 C-1-10 所示。

⑧ 点击"我的车位"按钮可以进入"我的车位"界面，点击"我是业主，添加车位"按钮，进入"添加车位"界面。然后，填写正确格式的车位信息、住户信息、车辆信息后，点击"提交"按钮提交，如图 C-1-11 所示。

图 C-1-10　添加房屋

图 C-1-11　添加车位

⑨ 点击功能入口中的"物业缴费"按钮，进入"物业费缴纳"界面，选择缴费数量，无法选择起始日期、无法支付账单，如图 C-1-12 所示。点击"扫码取件"按钮无法跳转至对应界面，如图 C-1-13 所示。

图 C-1-12　"物业费缴纳"界面

图 C-1-13　扫码取件界面无法打开

⑩ 点击功能入口中的"社区公告"按钮，进入社区公告界面，点击公告列表可以查看详情，如图 C-1-14 所示。

点击功能入口中的"社区电话"按钮，进入社区电话界面，可以查看社区各部门电话，如图 C-1-15 所示。

图 C-1-14　社区公告详情

图 C-1-15　社区电话

⑪ 点击功能入口中的"投诉建议"按钮进入投诉建议界面，如图 C-1-16 所示，点击投诉列表中的"查看详情"按钮可以查看投诉详情，点击"创建投诉建议"按钮选择投诉类型、投诉内容，点击"提交"按钮，显示提交成功。

图 C-1-16　新建投诉建议

⑫ 根据数字社区 App 功能范围文档，首页"社区活动"列表缺少评论数、发布时间，如图 C-1-17 所示。点击社区活动列表可以进入"活动详情"界面，其中显示标题、发布时间、正文、评论，如图 C-1-18 所示。

图 C-1-17　社区活动列表

图 C-1-18　社区活动详情界面

⑬ 首页上的社区动态列表中显示了标题、缩略图、评论数、发布时间、"查看更多"按钮，点击"查看更多"按钮可以进入社区动态列表，点击列表进入"动态详情"界面，"动态详情"界面显示标题、发布时间、正文、评论，如图 C-1-19、3-1-20 所示。

图 C-1-19　社区动态列表

图 C-1-20　动态详情

⑭ 点击首页下方"友邻社交"按钮，打开"友邻社交"界面，根据数字社区 App 功能范围文档说明，其中缺少帖子列表、帖子详情、评论，如图 C-1-21 所示。

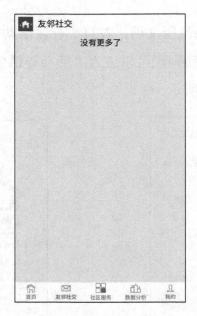

图 C-1-21　友邻社交界面

⑮ 点击首页下方的"社区服务"按钮，点击功能入口中的"开门"按钮，可以进入开门界面，点击"立即开门"按钮可以给房屋开门，点击"邀请访客"按钮无法进入下一页，如图 C-1-22 所示。

⑯ 点击"我的房屋"按钮可以进入我的房屋界面，如图 C-1-23 所示。点击"我是业主，添加房屋"按钮进入添加房屋界面，填写正确格式的房屋信息、住户信息，点击"提交审核"按钮，即可成功添加房屋。

图 C-1-22　开门界面

图 C-1-23　我的房屋界面

⑰ 根据数字社区 App 功能范围文档说明，点击"社区服务"中的"快件管理"按钮，无法进入详情界面，无法查看快件状态、一键取件、查看快件详情，如图 C-1-24 所示。

图 C-1-24　快件管理界面无法打开

⑱ 根据数字社区 App 功能范围文档说明，点击"社区服务"中的"在线报修"按钮，无法进入详情页面，无法创建报修信息、查看报修状态及信息详情、查看历史报修记录，如图 C-1-25 所示。

⑲ 根据数字社区 App 功能范围文档说明，点击"社区服务"中的"联系物业"按钮，显示管家、警卫室、物业电话，但不支持一键拨打，如图 C-1-26 所示。

图 C-1-25　无法打开在线报修界面

图 C-1-26　联系物业界面

⑳ 根据数字社区 App 功能范围文档说明，点击"社区服务"中的"车位管理费"按钮，可以选择缴费数量，但无法选择起始日期，无法支付，如图 C-1-27 所示。

㉑ 点击"社区服务"中的"投诉建议"按钮进入投诉建议界面，如图 C-1-28 所示。点击投诉列表中的"查看详情"按钮可以查看投诉详情，点击"创建投诉建议"按钮选择投诉类型、投诉内容，点击"提交"按钮，显示提交成功。

图 C-1-27　车位管理费缴纳界面

图 C-1-28　投诉建议界面

㉒ 根据数字社区 App 功能范围文档说明，点击底部导航栏中的"社区服务"，点击"社区服务"界面中"社会活动"入口中的"燃气费""水费""电费""取暖费"，无法支付账单，如图 C-1-29、图 C-1-30、图 C-1-31、图 C-1-32 所示。

图 C-1-29　燃气费无法支付

图 C-1-30　水费无法支付

图 C-1-31　电费无法支付

图 C-1-32　取暖费无法支付

㉓ 点击首页下方的"数据分析"按钮跳转至"数据分析"界面，界面里显示柱状图、折线图、饼图，可以查看各性别评论数、快递数量趋势、亲子活动等内容，如图 C-1-33 所示。

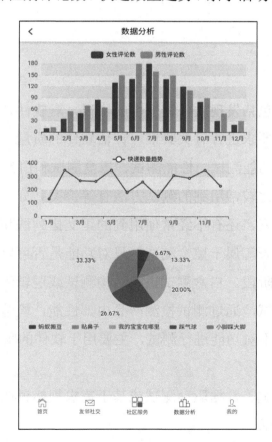

图 C-1-33　数据分析详情

㉔ 根据数字社区 App 功能范围文档说明，点击"我的"按钮可以进入"我的"界面，点击"缴费记录""评价记录"按钮无法跳转至详情界面，如图 C-1-34 所示。

图 C-1-34　缴费记录与评价记录无法打开

扩展优化

1. 软件测试

软件测试方法的目的包括发现软件程序中的错误，对软件是否符合设计要求、是否符合合同中所要达到的技术要求进行有关验证，评估软件的质量。软件的基本测试方法主要有静态测试、动态测试、功能测试、性能测试、黑盒测试和白盒测试等。

软件测试方法众多，比较常用到的测试方法有等价类划分、场景法，偶尔会使用到的测试方法有边界值和判定表，还有不经常使用到的正交排列法和测试大纲法。其中等价类划分、边界值分析、判定表等属于黑盒测试，只对功能是否可以满足规定要求进行检查，主要用于软件的确认测试阶段。白盒测试也叫结构测试或逻辑驱动测试，是基于覆盖的全部代码和路径、条件的测试，通过测试检测产品内部性能，检验程序中的路径是否可以按照要求完成工作，但是并不对功能进行测试，主要用于软件的验证。

2. 黑盒测试

黑盒测试又叫功能测试、数据驱动测试或基于需求规格说明书的功能测试。该类测试注重测试软件的功能性需求。

采用这种测试方法，测试工程师把测试对象看作一个黑盒子，不考虑程序内部的逻辑结构和内部特性，只依据程序的《需求规格说明书》，检查程序的功能是否符合它的功能说明。测试工程师无须了解程序代码的内部构造，完全模拟软件产品的最终用户使用该软件，检查软件产品是否达到了用户的需求。黑盒测试能更好、更真实地从用户角度来考察被测系统的功能性需求实现情况。在软件测试的各个阶段，如单元测试、集成测试、系统测试及验收测试等阶段中，黑盒测试都发挥着一定的作用。

进阶提升

1. Postman 主界面

打开 Postman，首次进入软件界面，会提示选择希望创建的任务类型，如图 C-1-35 所示。

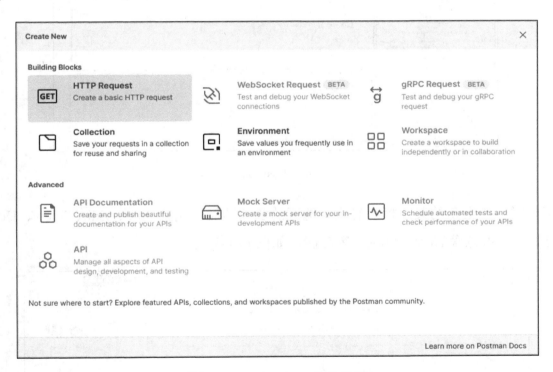

图 C-1-35　Postman 任务类型

HTTP Request：是 Postman 软件的基础和核心，也就是通过这个功能来创建 Request 请求，完成接口测试的核心工作。

Collection：其实是个集合，可以认为是一批 Request 请求的集合，或者说测试集。它也是 Postman 一些进阶功能的基本单位。

Environment：字面理解就是环境，其实可以认为是一些配置变量的集合，实际应用中可以起到通过不同配置区分不同测试环境的效果。

API Documentation：通过调试通过的 Request 来自动生成接口文档，便于团队的共享和接口的交付。

Mock Server：在进行接口测试或开发的时候，很多时候是需要模拟对端的接口服务器的，Mock Server 就起到的模拟服务器端的作用。

Monitor：这是个监控功能，通过 Monitor 可以监控接口是不是正常。

2. Postman 功能区

Postman 界面中的主要功能区如图 C-1-36 所示。

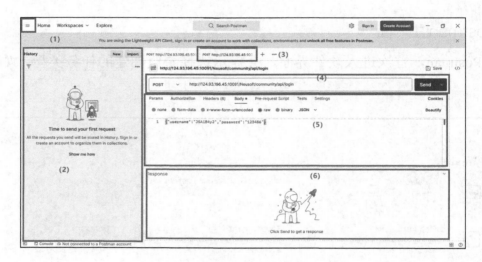

图 C-1-36　Postman 功能区

菜单栏：左上角的菜单栏，对应功能区的各项功能，包括 File、Edit、View、Help 四项功能，File 里包含 New、Import 等功能，如图 C-1-37 所示。

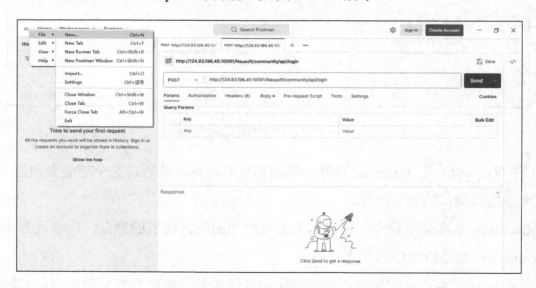

图 C-1-37　菜单栏

点击 New 按钮会打开启动时的创建窗口，用于创建六种类型的任务。Import 按钮可以用于导入外部文件，外部文件可以是 Postman 的 Collection 格式文件、数据文件，以及其他的 API 定义文件。点击 New Tab 按钮可以新建 Tab，或者多开一个 Postman 程序或 Runer 程序。

历史栏：会列出操作消息记录清单，历史访问的 URL 地址，以便再次访问或使用。

Request 选项卡：Request 部分默认开启了一个选项卡，可以新开多个选项卡便于同时编辑。

Request 部分：默认使用的是 GET 方法，这也是使用最多的 HTTP 方法，在其下拉列表中可以选择其他的方法，常用的还有 POST、PUT、Delete 等。

URL 部分输入请求的地址。比如，输入 GithubAPI 的根地址。点击"Send"按钮发送请求，在小箭头下选择"send and download"选项，会在发送以后，把响应消息导出成 json 文件保存。旁边的 save 按钮，提供保存功能。其实，是把这个 Request 作为一个 case，保存到 collection 里。

参数区：Params 参数管理界面，在这里我们可以添加参数（有 key-value，块编辑模式）。Header，消息头管理，可以定义头部信息。Body，请求消息体，一般 Post、put、patch 等会更新内容的请求才会携带消息体。Pre-request Script，是指在请求发送前，可以做一些预处理的工作，类似 junit 等单元测试框架中的 setup 方法，支持 js 脚本语法。Tests 则是在响应以后，对响应进行校验或其他处理的，类似 junit 框架中的 teardown 方法，同样支持 js 脚本语法。

Response 区域：响应消息右上角是状态码，将鼠标光标悬停可以看到详细解释。响应 Body 部分，即消息体，包括 Pretty，可以根据表现类型进行格式化显示，默认为 json 格式，如果是其他格式类型，可以选择对应形式进行格式化。Raw 则是未格式化的形式。Preview 则是预览，就是在浏览器里渲染后呈现的样子，比如返回的是 html 就很直观。

任务 2 编写产品使用手册的功能概述

任务描述

本模块基于软件工程思想，在移动应用产品开发流程完成后，进行产品测试，保障产品交付质量。本任务考查选手发现软件产品缺陷、分析提供解决方案、生成测试报告的能力，帮助选手严格把好质量关，交付高质量产品，能够遵循客户的品牌准则进行软件使用

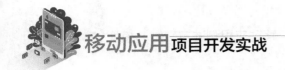

说明书的编写。本任务要求选手完成编写产品使用手册的功能概述部分。

关键技术描述

1. 在 Android Studio 模拟器上安装待测数字社区 APK
2. 运行待测数字社区 APK
3. 用 Postman 测试数字社区 API 接口文档的连通性
4. 对照数字社区 App 功能范围测试 APK 功能

制作步骤

1. 赛题分析

下载"待测数字社区 App.apk"文件后，将 apk 文件安装到模拟器中，启动 App，配置服务器的 IP 和 port，运行待测数字社区 App。根据"数字社区 App 功能范围.pdf"中描述的功能范围进行全范围测查，撰写产品使用手册，编写功能概述。

2. 编写产品概述

（1）产品定位

数字生活是以互联网和一系列数字科技技术应用为基础的一种生活方式，可以带给人们更好的生活体验和工作便利。随着互联网技术应用的全球化普及，互联网已经全面改变了全人类的生活方式，逐渐将人们的生活、工作等行为"一网打尽"。

（2）核心功能

数字社区 App 主要由引导页、首页、友邻社交、社区服务、数据分析、我的等主要业务模块组成。

（3）运行环境

数字社区 App 可以在 Android 6.0 及以上版本的手机中运行。

3. 登录模块功能概述

登录模块由手机号登录、密码登录、忘记密码三个功能组成。

手机号登录：输入的正确手机号格式，获取验证码，通过验证码登录即可进入首页，如图 C-2-1 所示。

密码登录：输入正确的手机号，输入密码即可登录，如图 C-2-2 所示。

忘记密码：输入正确已经绑定的手机号，获取验证码后进行下一步设置新密码，如图 C-2-3 所示。

4. 注册模块功能概述

注册模块主要用于手机号码注册功能。手机号码注册账号：输入正确的手机号码，获取验证码，设置新密码，如图 C-2-4 所示。

图 C-2-1 　手机号登录

图 C-2-2 　密码登录

图 C-2-3 　忘记密码

图 C-2-4 　注册账号

5. 首页模块功能概述

首页模块的主要功能包含活动宣传、活动公告、功能入口等 13 个功能点，部分功能是社区服务、我的模块中的功能点，在相应模块中描述，在此不再重复叙述。

（1）活动宣传

Banner 展示数字社区宣传卡片，用户可左右滑动查看卡片内容，如图 C-2-5 所示。

（2）社区公告

社区公告以跑马灯形式滚动，点击可以查看公告详情，如图 C-2-6 所示。

图 C-2-5　活动宣传

图 C-2-6　活动公告

（3）功能入口

包括开门、我的房屋、我的车位、物业缴费、扫码取件、社区公告、社区电话、投诉建议，如图 C-2-7 所示。

（4）开门

选定某小区，进入"立即开门"功能、"访客邀请"功能，点击"邀请访客"按钮可以进入下一页，如图 C-2-8 所示。

图 C-2-7　功能入口

图 C-2-8　开门

（5）我的房屋

我的房屋模块主要包括房屋列表、添加房屋两大功能点。

① 房屋列表：房屋列表包括小区名称、认证状态、小区地址、房屋门牌号、默认状态，根据返回列表结果，可以设置默认房屋，如图 C-2-9 所示。

② 添加房屋：添加房屋功能可以添加小区名称、楼栋、单元、房间号。在其中可以填写小区业主的姓名、性别、手机号、身份证号，如图 C-2-10 所示。

图 C-2-9　我的房屋

图 C-2-10　添加房屋

（6）投诉建议

投诉建议功能能添加投诉建议，可以查看已经提交的投诉建议，如图 C-2-11 所示。

（7）社区动态

社区动态主要包括动态列表、详情、评论功能，能够让用户更加方便地了解动态内容。

① 社区动态列表用户在活动功能的下方可以查询"社区动态"列表，在列表中显示动态的标题、缩略图、发布时间、查看更多等，如图 C-2-12 所示。

② 社区动态详情：在社区动态新闻列表点击可以进入动态详情，可以查看动态标题、发布时间、正文、评论，如图 C-2-13 所示。

③ 社区动态评论：在评论列表中，显示评论数量、列表内容、内容输入框等，如图 C-2-14 所示。

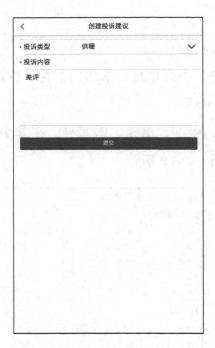

图 C-2-11　投诉建议

图 C-2-12　社区动态列表

图 C-2-13　社区动态详情

图 C-2-14　社区动态评论

（8）社区活动

① 活动列表：用户在活动功能的下方可以横向滑动查询"社区活动"列表，列表中显示动态的标题、缩略图、距离等，如图 C-2-15 所示。

② 社区活动详情：点击社区活动进入活动详情，可以查看标题、发布时间、正文、评论，如图 C-2-16 所示。

③ 社区活动评论：评论内容包括评论数量、详情、可以编辑评论和发布评论，如图 C-2-17 所示。

图 C-2-15　社区活动列表

图 C-2-16　社区活动详情

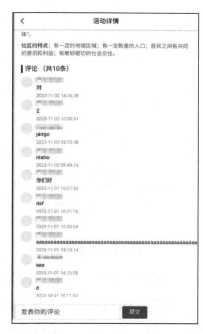

图 C-2-17　社区活动评论

6. 社区服务模块

社区功能主要包含社区服务、快件管理、在线报修、联系物业、社会活动等，用户可通过社区服务更加便捷地进入功能页面。

（1）社区服务

社区服务功能主要包括开门、我的房屋、快件管理、在线报修、联系物业、物业缴费、车位管理费、投诉建议、我的车位、邀请家属等功能的图标入口，用户可以从社区服务功能中选择某项功能入口进入对应功能页面，如图 C-2-18 所示。

（2）联系物业

联系物业功能主要包含查看管家、警卫室、物业电话，支持一键拨打功能。点击"联系物业"按钮可以弹出物业电话，用户可以进行电话拨打，如图 C-2-19 所示。

（3）社会活动

社会活动中包含燃气费、水费、电费、取暖费等缴费功能，用户可以进入任意一项缴费功能的页面，根据页面显示的缴纳账单进行费用缴纳，如图 C-2-20 所示。

图 C-2-18　社区服务

图 C-2-19　联系物业

图 C-2-20　社会活动

7．数据分析模块

数据分析主要为用户提供更为直观的数据，可以更加清晰地查看数据的各类占比。

数据分析主要由三个统计图表组成，分别是柱状图、折线图、饼图，柱状图统计各性别评论数，折线图统计快递数量趋势，饼图统计亲子活动占比等内容，如图 C-2-21 所示。

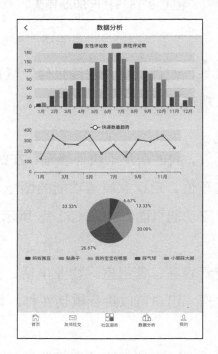

图 C-2-21　数据分析

8. "我的"模块

"我的"模块中主要包含缴费记录、评价记录和设置三个功能点,用户可以更加快速便捷地完成缴费、评论、设置等功能操作。

（1）更改手机号码

设置功能中的更改手机号码功能主要包括输入新的手机号,在获取验证码后,用户通过点击"确定"按钮可以实现手机号的更改,如图 C-2-22 所示。

（2）修改密码

修改密码功能主要包括输入旧密码,设置新密码,再次输入新密码,通过点击"确定"按钮完成密码修改,如图 C-2-23 所示。

（3）退出登录

在设置功能中,退出登录功能主要包含"退出登录"按钮,利用"退出登录"按钮用户可以实现程序退出的结果,如图 C-2-24 所示。

  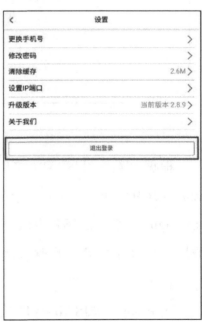

图 C-2-22　更改手机号码　　　　图 C-2-23　修改密码　　　　图 C-2-24　退出登录

扩展优化

在编写功能说明文档时,一是要在开头对要编写的模块进行总体概括;二是可以根据功能文档的分类进行功能点的流程编写,如进入页面,通过按钮进入下一个页面,形成一个完整的功能描述;三是在全部内容编写完成后,可以通过调整固定的字体、字号还有段落之间的排版让文档更加整齐美观。

进阶提升

用户可以利用 Postman 软件获取登录信息，如图 C-2-25 所示。

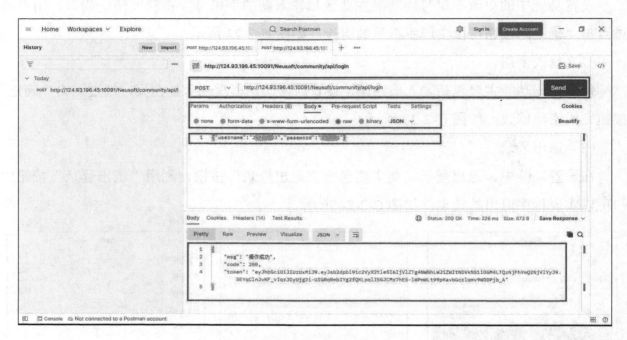

图 C-2-25　获取登录信息

根据"数字社区 API 接口文档"获取登录信息，在 Postman 的请求栏输入服务器地址 http://124.93.196.45:10091/Neusoft/community，然后加上登录信息的 API 接口地址：/api/login，选择 POST 方式。在参数选择栏，选择 Body 模式，然后，选择 Raw 单选框，最后，在文本格式中选择 json 格式。在参数输入框中输入：

{

"username":"JSAiB4yJ",

"password":"123456"

}

然后，点击"Send"（发送）按钮。在 response 反应区，Pretty 中显示：

{

　　"msg": "操作成功",

　　"code": 200,

　　"token": "eyJhbGciOiJIUzUxMiJ9.eyJsb2dpbl91c2VyX2tleSI6IjVlZTg4NWNhLWJiZ

WItNDVkNS1iOGM4LTQzNjFhYmQ2NjVlYyJ9.SEYqClnJvKF_vIqrJDyUjg3i-UIGRqRmbIY
g2fQKLpqlI5GJCMr7hE5-lWPmWLt99pKavbGcrlqmv9WDDPjb_A"

}

表示获取成功，得到 token 值，在以后访问中，可以使用该 token 值。

任务 3 编写产品使用手册的操作说明

任务描述

随着技术的不断进步，现代应用程序变得越来越复杂，功能也越来越丰富。为了帮助用户更好地理解和使用这些应用程序，编写一份详尽且易于理解的产品使用手册至关重要。本任务旨在通过编写高质量的使用手册，确保用户能够快速上手并充分利用应用程序的各项功能。

在本任务中，选手需要想据给定的应用程序功能和需求文档，编写一份详细的产品使用手册。该手册应包括应用程序的各个功能模块、操作步骤以及用户可能遇到的问题及解决方案。

关键技术描述

1. 在模拟器上安装待测数字社区 APK
2. 运行待测数字社区 APK
3. 按照数字社区功能范围文档测试 App 功能
4. 编写产品使用手册的操作说明文档

制作步骤

1. 赛题分析

对数字社区 App 功能进行梳理分析，按照"产品使用手册.docx"格式要求编写上述中功能点的指导说明，准确叙述用户操作行为，将功能变为具体化、形象化，以便于读者理解具体内容，加强说服力。在功能说明中，应包含功能名称、界面截图、功能描述和操作说明。

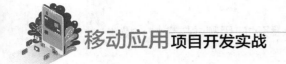

2. 登录操作说明

（1）手机号登录

双击打开数字社区 App，在引导页右上角点击设置 IP 端口设置，输入正确的 IP 地址和端口号，点击"立即体验"按钮进入登录页面。

在登录页面点击"免密登录"按钮，如图 C-3-1 所示，进入手机号登录页面，输入正确的手机号，点击"获取验证码"按钮，勾选"我已经阅读并同意《用户隐私政策》"复选框，点击"登录"按钮，完成登录，如图 C-3-2 所示。

图 C-3-1　点击"免密登录"按钮　　　　图 C-3-2　手机号登录

（2）密码登录

用户在引导页右上角点击设置 IP 端口设置，输入正确的 IP 地址和端口号，点击"立即体验"按钮进入登录页面。进入登录页面，在账号和密码输入框中分别输入正确的账号和密码，勾选"我已经阅读并同意《用户隐私政策》"复选框，点击"登录"按钮，完成登录，如图 C-3-3 所示。

（3）忘记密码

用户进入登录页面，点击右侧"忘记密码？"按钮，进入忘记密码页面，如图 C-3-4 所示。在页面手机号码输入框中输入正确的手机号码，点击"获取验证码"按钮，在输入验证码后，点击"下一步"按钮，如图 C-3-5 所示。点击"下一步"按钮，进入下一个页面，输入新设置的密码，点击"确定"按钮，完成新密码的设置。

图 C-3-3　密码登录　　　图 C-3-4　点击"忘记密码"按钮　　　图 C-3-5　忘记密码

3. 注册操作说明

用户在引导页右上角点击设置 IP 端口设置，输入正确的 IP 地址和端口号，点击"立即体验"按钮进入登录页面。用户进入登录页面，点击右下角的"注册新用户"按钮，进入注册页面，如图 C-3-6 所示。在页面中的手机号码输入框中输入正确的手机号码，点击"获取验证码"按钮，在输入验证码后，输入设置的密码，点击"立即注册"按钮，完成账号注册，如图 C-3-7 所示。

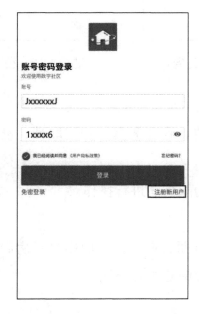 

图 C-3-6　点击"注册新用户"按钮　　　图 C-3-7　手机号码注册账号

4. 首页操作说明

（1）活动宣传

用户成功进入首页，首页上方展示出数字社区的宣传卡片，用户可以通过左右滑动来查看宣传卡片的内容，如图 C-3-8 所示。

（2）社区公告

在首页中，数字社区宣传卡片的下方为社区公告，公告内容以跑马灯的方式滚动显示，如图 C-3-9 所示。

用户可点击公告，进入公告列表页面，点击列表项，可以查看公告详情内容，如图 C-3-10 所示。

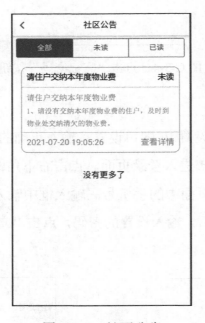
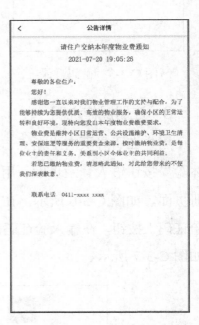

图 C-3-8　社区宣传　　　　图 C-3-9　社区公告　　　　图 C-3-10　公告详情

5. 功能入口操作说明

功能入口主要包括开门、我的房屋、我的车位、物业缴费、扫码取件、社区公告、社区电话、投诉建议 8 个功能，如图 C-3-11 所示。

用户点击对应的功能按钮，即可进入对应的功能页面进行操作。

6. 开门操作说明

在功能入口中点击"开门"按钮，进入开门页面。在开门页面中显示房屋信息，点击下方的"立即开门"按钮，页面显示开门成功，如图 C-3-12 所示。

图 C-3-11　功能入口　　　　　　　　　　图 C-3-12　开门

7. 我的房屋操作说明

在功能入口处点击"我的房屋"按钮，进入我的房屋页面，点击页面中"我是业主，添加房屋"按钮，如图 C-3-13 所示。输入房屋信息和住户信息，点击"提交审核"按钮，显示提交成功，如图 C-3-14 所示。

添加成功后，再次点击"我的房屋"按钮，如图 C-3-15 所示。出现添加后的房屋信息，用户可以进行查看显示的房屋信息，如图 C-3-16 所示。

图 C-3-13　我的房屋　　　　　　　　　　图 C-3-14　添加房屋

图 C-3-15 点击"我的房屋"按钮

图 C-3-16 查看房屋信息

8. 社区公告操作说明

点击"社区公告"按钮，进入社区公告页面，页面中显示各类信息，分为全部、未读、已读，如图 C-3-17 所示。点击任意一条公告都可以进行查看。点击未读信息右下角的"查看详情"按钮，如图 C-3-18 所示。页面将会显示出公告的详情内容，如图 C-3-19 所示。

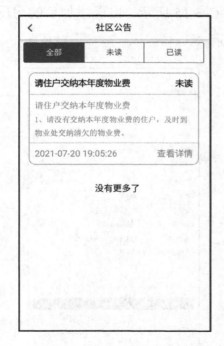

图 C-3-17 社区公告

图 C-3-18 点击"查看详情"按钮

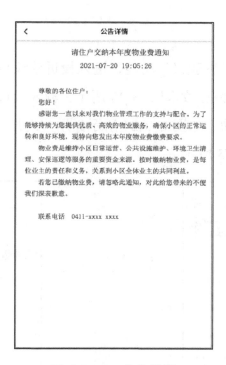

图 C-3-19　公告详情

9. 社区电话操作说明

在功能入口中，选择点击"社区电话"功能，进入社区电话页面，如图 C-3-20 所示。页面中显示物业电话和快递电话列表，用户可以根据社区电话页面提供的电话号码拨打电话，如图 C-3-21 所示。

社区电话	
物业电话	
物业中心	0411-xxxxx114
警卫室	0411-xxxxx110
1号楼管家	186xxxxxx51
2号楼管家	186xxxxxx52
3号楼管家	186xxxxxx53
4号楼管家	186xxxxxx54
快递电话	
菜鸟驿站	186xxxxxx58
顺丰快递	186xxxxxx59
EMS	1xxxx
德邦	400-xxxxxx43
没有更多数据了	

图 C-3-20　社区电话

社区电话	
物业电话	
物业中心	0411-xxxxx114
警卫室	0411-xxxxx110
1号楼管家	186xxxxxx51
2号楼管家	186xxxxxx52
3号楼管家	186xxxxxx53
4号楼管家	186xxxxxx54
快递电话	
菜鸟驿站	186xxxxxx58
顺丰快递	186xxxxxx59
EMS	1xxxx
德邦	400-xxxxxx43
没有更多数据了	

图 C-3-21　拨打电话

10. 投诉建议操作说明

在功能入口中，点击"投诉建议"功能，进入投诉建议页面，如图 C-3-24 所示。点击页面中的"创建投诉建议"按钮，如图 C-3-23 所示。输入投诉内容的各项信息，点击 "提交"按钮，页面显示提交成功，如图 C-3-24 所示。用户退出页面，再次点击进入后页面显示投诉内容列表，如图 C-3-25 所示。

图 C-3-22 点击"投诉建议"按钮

图 C-3-23 点击"创建投诉建议"按钮

图 C-3-24 创建投诉建议

图 C-3-25 投诉内容列表

11. 社区动态操作说明

用户在首页下方可以看到"社区动态"列表，列表中显示动态的标题、缩略图、发布时间等，如图 C-3-26 所示。点击任意一条列表中的社区动态，进入动态详情页面，页面包含标题、发布时间，正文内容、评论，如图 C-3-27 所示。在评论列表中，显示评论数量、列表内容、内容输入框等。发布评论内容时，输入评论内容，点击"提交"按钮，评论成功发送，如图 C-3-28 所示。

图 C-3-26　社区动态

图 C-3-27　动态详情

图 C-3-28　发布评论

12. 社区活动操作说明

用户在功能入口的下方可以横向滑动查询"社区活动"列表，在列表中显示动态的标题、缩略图、距离等，如图 C-3-29 所示。点击任意一条社区活动列表项，可进入动态详情页面，页面包含标题、发布时间，正文内容、评论功能，如图 C-3-30 所示。在评论列表中，显示评论数量、列表内容、内容输入框等，如图 C-3-31 所示。输入评论内容后，点击"提交"按钮，评论成功发送。

图 C-3-29　社区活动

图 C-3-30　社区活动详情

图 C-3-31　社区活动评论

13. 社区服务操作说明

① 在社区服务中点击"开门"按钮，进入开门页面，如图 C-3-32 所示。页面中显示房屋信息，选择"立即开门"显示开门成功，如图 C-3-33 所示。

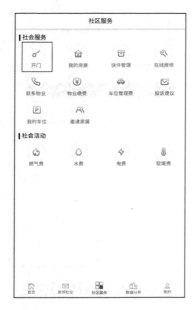

图 C-3-32 点击"开门"按钮

图 C-3-33 立即开门

② 在社区服务中点击"我的房屋"按钮，进入"我的房屋"页面，点击"我是业主，添加房屋"按钮，输入添加房屋的相关信息，点击"提交审核"按钮，如图 C-3-34 所示，显示提交成功。

图 C-3-34 添加房屋

添加成功后，再次点击"我的房屋"按钮，如图 C-3-35 所示。出现添加后的房屋信息，用户可以查看房屋信息，如图 C-3-36 所示。

图 C-3-35 再次点击"我的房屋"按钮

图 C-3-36 查看房屋信息

③ 在社会服务中点击"联系物业"按钮，进入联系物业页面，如图 C-3-37 所示。页面中显示管家、警卫室、物业的联系方式，如图 C-3-38 所示。

图 C-3-37 联系物业

图 C-3-38 管家、警卫室、物业的联系方式

④ 在社会服务中点击"投诉建议"功能入口，进入投诉建议页面，如图 C-3-39 所示。点击"创建投诉建议"按钮，如图 C-3-40 所示。输入投诉内容的相关信息，点击"提交"

按钮，如图 C-3-41 所示，显示提交成功。页面显示投诉内容列表，如图 C-3-42 所示。

图 C-3-39　点击"投诉建议"按钮

图 C-3-40　创建投诉建议

图 C-3-41　输入投诉内容

图 C-3-42　投诉内容列表

⑤ 在社会服务页面中，点击"车位管理费"按钮，如图 C-3-43 所示。若用户之前没有设置过车位信息，页面将会提示"业主没有添加车位信息"内容提示，如图 C-3-44 所示。

图 C-3-43　点击"车位管理费"按钮　　　图 C-3-44　页面提示"业主没有添加车位信息"

⑥ 在"社会服务"页面中，点击"邀请家属"按钮，如图 C-3-45 所示。进入"家庭成员管理"页面，点击"新增家庭成员"按钮，如图 C-3-46 所示。输入填写相关信息，点击"保存"按钮，如图 C-3-47 所示。填写内容将会形成列表，显示在"家庭成员管理"页面，如图 C-3-48 所示。

图 C-3-45　点击"邀请家属"按钮　　　　图 C-3-46　新增家庭成员

图 C-3-47　输入相关信息

图 C-3-48　家庭成员列表

14. 社会活动操作说明

① 用户点击社会活动中的"燃气费"按钮，如图 C-3-49 所示，进入燃气费缴纳页面，如图 C-3-50 所示。

图 C-3-49　点击"燃气费"

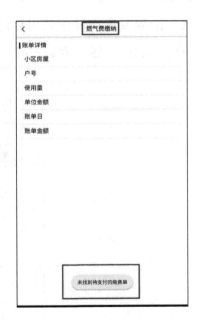

图 C-3-50　燃气费缴纳

② 用户点击社会活动中的"取暖费"按钮，如图 C-3-51 所示。进入取暖费缴纳页面，如图 C-3-52 所示。

图 C-3-51　点击"取暖费"按钮

图 C-3-52　取暖费缴纳

15. 数据分析操作说明

　　用户点击底部导航栏中的"数据分析"按钮，进入数据分析页面，如图 C-3-53 所示。该页面以柱状图、饼图、折线图等图表统计各性别评论数、亲子活动、快递数量趋势等信息。用户点击女性评论数或男性评论数可以进行单独查看，如图 C-3-54 所示。用户点击亲子活动占比模块，也可以进行单独查看或几个一起查看，如图 C-3-55 所示。

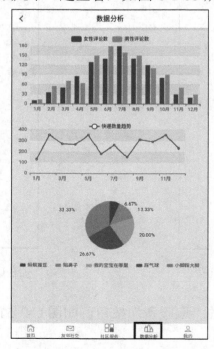

图 C-3-53　点击"数据分析"按钮

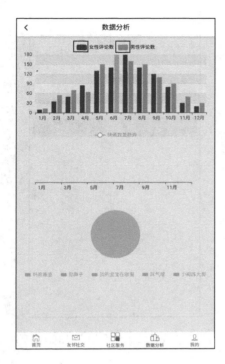

图 C-3-54　单独查看数据（1）

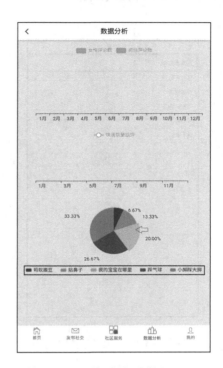

图 C-3-55　单独查看数据（2）

16. 我的操作说明

① 用户点击导航栏中的"我的"按钮，进入我的页面，如图 C-3-56 所示。点击右上角的"设置"按钮，进入设置页面，如图 C-3-57 所示。点击"更换手机号"按钮，进入更换手机号码页面，如图 C-3-58 所示。输入手机号码，获取及输入验证码，点击"确定"按钮，完成更改，如图 C-3-59 所示。

图 C-3-56　点击"我的"按钮

图 C-3-57　设置页面

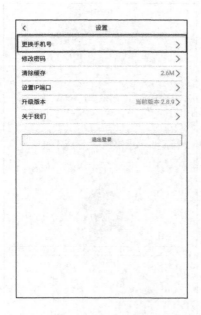

图 C-3-58　更换手机号

图 C-3-59　输入手机号和验证码

　　② 用户点击导航栏中的"我的"功能，进入我的页面，点击右上角的"设置"按钮，进入设置页面。点击"修改密码"按钮，进入修改密码页面，如图 C-3-60 所示。输入旧密码，输入新密码，再次输入新密码，点击"确定"按钮完成修改，如图 C-3-61 所示。

图 C-3-60　点击"修改密码"按钮

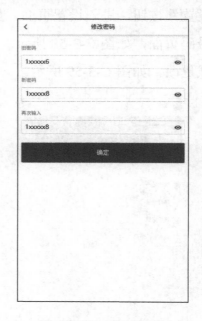

图 C-3-61　修改密码

　　③ 用户点击导航栏中的"我的"功能，进入我的页面，点击右上角的"设置"按钮，进入设置页面。点击"退出登录"按钮，如图 C-3-62 所示，退出回到账号密码登录页面，输入账号密码即可重新登录，如图 C-3-63 所示。

图 C-3-62　退出登录

图 C-3-63　重新登录

扩展优化

　　在编写操作说明文档时，一是要在开头对要编写的模块进行总体概括；二是可以根据功能文档的分类进行功能点的流程编写，如双击打开软件、进入页面、点击按钮等，形成一个完整的操作流程；三是在全部内容编写完成后，可以通过调整固定的字体、字号还有段落之间的排版让文档更加整齐美观。

进阶提升

　　用户可以利用 Postman 软件查询房屋信息列表内容，如图 C-3-64 所示。

　　我们需要查询房屋信息列表，根据"数字社区 API 接口文档.pdf"信息，在 Postman 的请求栏输入服务器地址 http://124.93.196.45:10091/Neusoft/community，再加上房屋信息列表的 API 接口地址/api/house/list，选择 GET 方式。在参数选择区，选择 Params 模式，请求数据类型 Params，接口文档显示请求参数为 estateName（小区名称）、status（认证状态）、userName（姓名），三个参数都是可以缺省的，我们采用不填写的方式。然后点击"Send"按钮。在 response 反应区，Pretty 中显示："code"状态码为 200，表明获取信息成功；"data"

列表数据（数组类型）为房屋信息；"msg"为消息内容，显示操作成功。

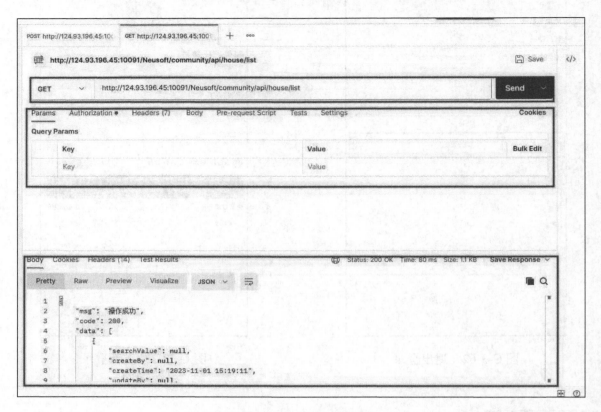

图 C-3-64　获取房屋信息列表